U0091236

捨VS.留 全圖解 減物整理術

さよさんの「物の減らし方」事典

日本收納師教你用保有舒適感的微斷捨離，
把家變成喜歡的模樣！

小西紗代◎著

序言

整理物品就是在盤點人生。

阪神淡路大地震後，我第一次大量整頓身邊的物品。當時我老家的房間到處都是雜誌、樂譜、畢業紀念冊等等充滿回憶的東西，彷彿「倉庫」的模樣。趁著那次地震，我將照片以外的物品都處理掉了。

第二次大規模整理是在我四十一歲準備接受癌症治療手術的時候。簽署著一張又一張手術同意書，我突然湧起「這下不妙了！」、「可能會有什麼萬一……」的感覺，於是回到家後便開始動手整理物品。離手術日不到一週的時間內，我淘汰了不用的包包和早就沒在穿的衣服，把存款簿和保險證券類的文件集中收在同一個地方並轉告家人，「以防我發生萬一，方便家人找到」。

第三次則是在兩年前，一位比我小的堂妹忽然去世。她沒有任何徵兆就驟然長逝，加上年紀比我還小，實在令我震驚不已。有段時間我的心情一直處於低潮，但同時強烈感受到「生前整理」的重要性。所以我開始學習生前整理，購買幾份新的保險和壽險，並好好整理了家中的照片和過往的回憶物品。

儘管每逢人生大事，我都會像這樣清理家裡的物品，但是，生活會讓東西不斷地累積。我家空間不大，加上自己從事整理收納的工作，每當季節更迭，我必定會整理衣物，想購買新物品前，也會先處理好不要的物品以騰出收納空間。即便如此，雜物還是不斷地增加，若沒有特別留意，家中肯定會囤滿物品。

不像平常倒垃圾時那種無關緊要的感覺，整頓周遭物品通常會伴隨內心的疼痛感。雖說我們無法免除捨棄所帶來的疼痛感，可是最後一定能擁有更勝這股疼痛的「生活舒適感」。**你所持有的物品就是活著的證據，請試著去面對自己的持有物，為人生做一場盤點吧。**

歸根究柢，為何你的房間總是很雜亂？為什麼東西總是這麼多呢？

面對這些問題，大家都有各式各樣的理由，例如東西老是不知不覺變多、沒有囤積足夠的量就會感到不安、沒有時間整理、沒有精力整理、沒有做勞力活的體力等等。「家中沒地方可以收納，卻很想買某個東西，但又想要過舒適的生活……」大家想必都有類似的期望，但很遺憾地，我們無法在不做任何改變的情況下就實現這個願望。若想要舒服的生活環境，就必須學會放手。

雖然會花不少時間，但我希望各位能照著本書的步驟，好好檢視每一項物品。當你個別去面對它們，也許會發現某些「莫名其妙保留到現在」的東西，如果那項東西不適合現在的你，那就果斷與它道別。「捨棄」這個最後手段代表著主動讓東西離開自己，因此選擇放手必定會伴隨心靈上的疼痛。不過，捨棄物品雖會感到痛苦，卻有相應的價值。東西精簡之後，空間會跟著變大，日常生活會變得舒適，做起家事來也更省力。當做家事變得省力，自然會增加更多自由時間。大家一定要親身感受這股更勝疼痛的爽快感！藉著本書，讓自己從雜物的束縛中畢業，晉升成「**擅於管理物品的人**」，從此改變人生吧。

請馬上揮別下列物品！

□不喜歡的東西
□壞掉的東西
□使用不便的東西
□設計感不合自己喜好的東西
□自己認為已經過時的東西

放掉愈多東西，就能獲得愈多空間、舒適感以及自由。

目錄

Lesson 2
絕對不復亂！從減物開始的整理收納術

Lesson 1
開始整頓環境前，先整理自己的心靈！

整理收納是「投資未來」！你也能從整理苦手進化成收拾達人

整潔的房間能使人神清氣爽、做家事順手、還能紓解壓力……即使心裡很清楚這些優點，「實際上卻很難辦到」。想必不少人都有這樣的煩惱，可是又不知道應該從哪裡開始整理起，也不曉得該怎麼做才好，就算在書本雜誌或網路上蒐集整理收納的教學資訊，自己仍然做不好。

大家請放心！這是非常正常的事，因為我們以前在學校並沒有學過怎麼收拾東西。雖然現在的中小學生或許會在家政課學習到整理技巧，但過去的人也只能模仿「父母的整理方式」，沒有學過正確的整理方法。而我們的父母同樣沒有學過整理術，因此你不瞭解也是理所當然的事。

我也不例外！以前的我表面上看起來好像「很會整理」，其實雜物很多，老是把東西塞滿大大小小的空隙，是非常不便於拿取物品的收納做法。由於東西不方便拿取，很多物品淪為不再使用，而且**拿東西的麻煩感會漸漸累積成壓力，結果演變成對雜物過多的事實視而不見，老是在抱怨「真希望有多一點的收納空間……」不斷陷入惡性循環。**

我在準備搬家到現在的住處時，才發現原來自己有很多雜物。要將上層壁櫥與衣櫃頂部擠得彷彿魔術方塊一樣的各種箱子搬下來，實在是累死我了！數量真的很驚人。

於是我下定決心，「絕不把不要的東西帶進新家！」捨棄了大量的物品。可是搬進新家後，我仍驚訝地發現雜物居然還有那麼多。我反省自己沒有確實掌握好持有物的數量，也深深體悟到**「無法做好管理的東西，持有就沒有意義」**的道理。因此，我改將重點放在保留「平常會使用」以及「自己喜愛」的物品，一次又一次重複整頓，最後才得以擁有現在的舒適環境。

除非遇到類似搬家這種重大變化，一般人很少有機會能夠仔細審視家中的物品。不過，各位讀者很幸運，這本書將能幫助到大家。接下來請安排一段時間，好好檢視家中物品，嘗試減少雜物，慢慢學習如何整理並培養出整頓能力，進化成「擅於收拾的達人」吧！現在開始動手做，未來必定能獲得舒適的生活。

「想變得很會收東西！」但在此之前……

你瞭解「整理」「收納」「收拾」的意思嗎？

「整理」、「收納」、「收拾」——大家知道我們常在整理術中聽到的這三個用語其實意思都不一樣嗎？我們容易認為「丟棄物品」等於「收拾」，這是完全錯誤的想法！

所謂「整理」是指「減少物品」，並不是「丟棄物品」。「精挑細選」以後仍會珍惜使用的東西或喜愛的物品，這才是「整理」的意義。要捨棄的物品可以賣給二手商店去處理、自行利用現在流行的二手商品拍賣平台、或是拿去捐贈等等，別直接丟棄仍可使用的東西，送它們去過第二段人生吧。抱著「有人會繼續使用」的想法不只能減輕內心的罪惡感，也有助於環保。至於已經壞掉或狀況糟到無法回收利用的物品，就只能丟掉了。請把「丟棄」當作最後不得已的手段。而在整理東西的過程裡，會神奇地連帶整頓心情與想法喔。

「收納」的意思是讓東西的擺放方式便於拿取。使用品要配合使用地點，依照使用者的行走路線或家事動線來收納物品。除了動線問題，還要考慮擺放高度，最方便使用的高度依序是中間、下方、上方。

中間區域約是從膝上到眼睛平視的位置，適合收納使用頻率最高的物品。

下方區域是必須蹲下才能拿取的低處，適合收納重物。

上方區域則是要搬椅子或梯子才能搆到的高處，適合收納輕物。

請大家明白，看到空隙就把東西塞進去的做法並不叫「收納」。當東西愈少，就愈容易收納，因此一開始整理的動作非常重要。

「收拾」指的則是將取出的物品放回原位。這是每天的例行公事。你家的東西有專屬的收納位置嗎？若是明明有固定擺放的區域，東西卻還是長期散落在外面，表示使用者沒有物歸原位的習慣。這時候，必須先讓家人養成用完東西就放回原處的收拾習慣，便能改善凌亂不整齊的狀態。

整理 = **篩選並留下喜歡的東西**
收納 = **讓物品擺放在方便取用的位置**
收拾 = **將取出的物品放回原位**

不會收拾的人就是「無法捨棄物品」的人！

你無法成功整理東西的原因

**最喜歡
特價品與特賣會**

在特賣會上買到的只是「划算的錯覺」。若購買卻不使用，其實根本沒佔到便宜。

**覺得丟掉
太浪費了**

物品放著不用才是真正的浪費資源。讓東西物盡其用，把它讓給願意使用的人吧！

也許有一天會用到

到底何時會用到？如果想不到明確使用的時機就放手吧！那個「總有一天」永遠不會來臨。

**不想丟掉之後
又感到後悔**

現在的你不會知道未來究竟會不會後悔。請鼓起勇氣，勇敢放手吧！

想留給孩子

孩子的價值觀與你相同嗎？請先問過孩子的想法吧。

持有很多備用品才安心

消耗品也會有保存期限的問題，如果要使用時才發現品質劣化無法使用，那就只是一堆垃圾而已。家中不需要囤積大量備用品。

價格昂貴捨不得放手

當初的購入價已不同於如今的價格。除了價格以外，更應考量物品本身的價值。

東西還沒有壞

即使還沒有壞但不再使用的物品就果斷和它道別，讓願意使用它的人接手，延續物品的生命吧。

自己喜歡的東西

如果是自己喜歡的物品就留下來使用吧！充滿回憶的東西要做好管理，小心別讓家裡變成存放物品的倉庫了。

選擇捨棄不代表你不珍惜物品！這是認清自己真正需要之物以及重要物品的過程。

整理物品並不等於丟棄物品

學會分辨「真正必要之物」與「重要之物」！

我們先來分析自己無法整理物品的理由。

①雜物太多
②以為總有一天會用到
③先入為主地認為自己辦不到

你有符合上述情況嗎？

①雜物太多

你是否因為喜歡跟流行或愛買特價品，老是忍不住購買，才會導致東西這麼多呢？你是喜歡收集一整套嗜好品的收藏家嗎？「忍不住就購買」，其實是因為你沒有經過仔細思考就打開錢包的關係。

要去結帳之前請先停下來想一想：「我真的需要這個東西嗎？」

② 以為總有一天會用到

那個「總有一天」永遠不會來臨。你的總有一天是什麼時候？真的會有那一天嗎？為了無法預測的未來讓東西霸佔空間實在太不合理了。若處理掉之後才發現自己需要用到，就把這個經驗當作是自我認知不足的「學費」。失敗為成功之母，下一次就不會再失敗了。我們能持有的東西有限，**無法善加管理的物品或已不再使用的物品等於「沒有這個東西」。請下定決心告別它們吧！**

③ 先入為主地認為自己辦不到

以前曾經努力嘗試過，但我實在辦不到……有這種想法的人請不要放棄！即便失敗過一兩次，下一次或許就能成功了。「不行」與「辦不到」其實都是一種畫地自限。**現在就拋開「我辦不到」的固執想法吧！**

整理物品不等於丟棄物品。我再強調一次，整理指的是篩選並留下重要的物品。現在的自己不認為是重要和必備的東西就送去回收，有人願意接手使用，不但能減輕罪惡感，還有助於促進環保。

有這些習慣的人要小心！

- 喜歡特價品
- 愛跟流行
- 絕對不放過任何大拍賣
- 經常去暢貨中心（outlet）購物
- 凡是免費的東西，不管是什麼都會帶回家遇到「無法整理」的煩惱時，就靠「喜歡或討厭」來解決！

減少雜物的流程圖

還可以使用的東西
覺得丟掉太浪費的東西

→ 喜歡

→ 討厭

→ 不喜歡也不討厭

沒想太多就保留的東西

→ 喜歡

→ 討厭

→ 不喜歡也不討厭

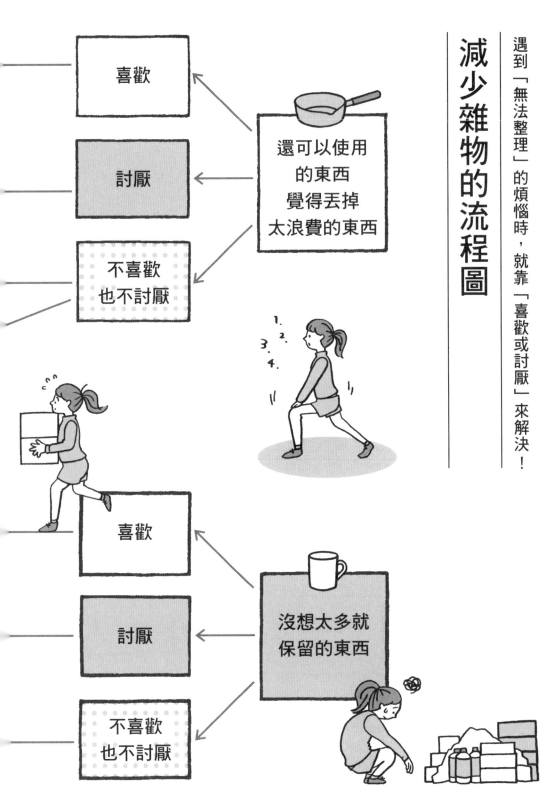

保留並拿出來使用

處理掉

回收再利用
贈送給別人

繼續使用到找到喜歡的東西為止，一找到就馬上處理掉

即使沒有實體物品，回憶及當時的感受也不會消失不見。

拍成照片或影片留存後捨棄實物

充滿回憶的物品

選擇放手

選擇不放手

幼時使用過的玻璃杯或一般杯子，現在被拿來放入竹炭當成鞋櫃除臭用品，換個方式再使用。

如果物品實用就繼續使用

用心保管避免劣化

處理掉

訂定保留期限

集中放到一個箱子並封住開口，在上面註明保留期限。在期限內有需要用到就拿出來用。如果到最後期限仍從未開封，就把東西處理掉。

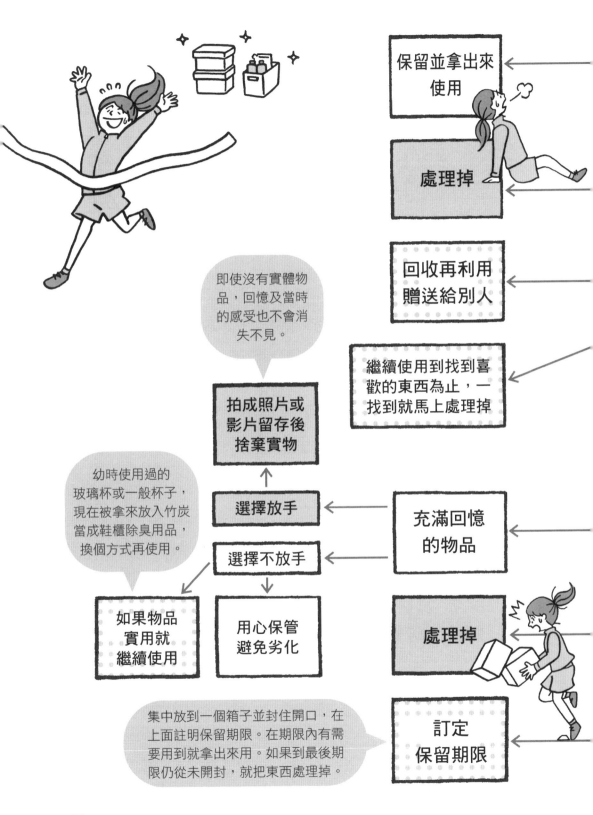

動手整理前一定要做的事！訂定「時間」與「範圍」

決心要開始「減少物品」之前，一定要先訂定幾個重點。

A 要堅持到這個時候！**決定整理的「時間」**！

或是

B 要清理到這個地方！**決定整理的「範圍」**！

想試著減少家中雜物的人，請先選擇「A訂定時間」。選擇A的話，時間一到就可以結束作業！配合自己的行程安排，將整理時間定為十五分鐘、三十分鐘或一小時等等都可以。不過，因為每次預訂整理的時間較短，所以會需要一定程度的天數才能把整個環境都整理乾淨，一定要持之以恆才行。

我個人屬於決定整理範圍的B派，但是這個做法難度較高。如果將難度分成十個等級，以範圍來整理的做法屬於最高的第十級，因為「直到完成為止都不能結束」。採取這個做法的人總是會想做到自己滿意為止，不但費時，長時間的勞動也很累人。不過，因為只是一年做一兩次，所以我倒也覺得無所謂。總之，選擇B的人需要做好承受疲累的心理準備。

如果你選擇了「B訂定範圍」，起初請縮小整理範圍吧。如果只整理一個抽屜，馬上就能輕鬆完成，但是若像第九十八頁的衣服山，整理起來可是會相當費時費力，請務必注意。

最理想的做法其實是「C同時決定時間與範圍」。先想好「到幾點前要整理完這一區！」再開始動手。

執行整理收納一定要訂定好時間與範圍，並以此為目標逐步完成。我不是說大家愛拖拖拉拉，只是人一旦覺得還有餘裕，心情就會相對鬆懈，拖慢進度，這是人之常情。如果你已經習慣篩選物品的流程，接著請一定要試試看先設定時間與範圍的做法。搭配計時器使用會更有效果，讓你朝目標大幅邁進，成為收拾物品的專家！

※要執行長時間的整理作業前，建議先把家事做完。整理物品會耗費大量體能，我身邊認真整頓居家環境的學生體重平均都減了三公斤。尤其要在重體力勞動之後緊接著做家事會非常疲累，因此我建議大家可以先完成煮飯之類的家事之後再開始整理。

「辦不到」只是因為你不知道做法！

打造「舒適感」只需遵循三步驟

你會翻開本書，想必是有「想讓家裡變整潔！」「想要減少雜物！」的想法吧。長年沒有整頓的居家環境是否已經令你感到煩躁了呢？單純只有煩躁感倒還好，如果因此充滿焦慮、憂鬱的情緒，加上散亂的環境，導致家庭關係出現摩擦等等狀況的話……

恭喜你！終於能迎來告別這種生活的時刻了！讓我們一起來認真整頓居家環境，讓生活變得更加舒適吧！只要三個步驟就能夠實現這個願望。

① 決定目標日期

② 決定想要的理想生活

③ 朝著目標邁進，放手持有物（減少物品）

① 決定目標日期

馬拉松總會有終點。不管是跑半馬還是全馬，若非適合自己的距離，都有可能因為體力透支而中途棄權。整理收納也不能拖拖拉拉，一定要先決定好目標，然後努力奔跑到最後，肯定能成功抵達終點。所以，請先設定好目標日期吧。

例如與自己約定要在一個月或三個月內完成，並且將目標寫在紙上（聽說寫成文字有助於採取行動），展現出你的決心吧！

② 決定想要的理想生活

生活在乾淨清爽的空間裡是什麼感覺呢？真希望能過這樣的生活～盡情地在腦中幻想吧！幻想不用錢，還能天馬行空！

不過也有部分的人無法想像「理想生活」的模樣。這類型的人可能是居家環境還算有某種程度的整潔感，或者根本是雜物太多了而對整理有心無力。屋子裡充斥太多雜物也會使人停止思考。不過，即使無法想像也沒有關係，先拿出「我要做！」「我要完成目標！」的決心吧。

③ 朝著目標邁進，放手持有物

設定好目標與理想後就開始動手吧！

我指導過很多人整理收納，所以我能肯定地說：世上沒有不會收拾的人！大家只是不曉得怎麼收拾環境而已。各位放心，**絕對沒有「辦不到」的人，只有「不願意做」的人**。因為不願意動手，所以才沒辦法成功。過去我有很多學生都成功得到「理想的舒適生活」。讓我們搭配使用本書，一起抵達實現舒適與整潔目標的終點。

整理環境該從哪裡開始做起？

用一個箱子開啟堅持的決心

來收拾環境，減少雜物吧！有這股決心的人請務必從「整理箱子」開始。

「我現在充滿幹勁，想從雜亂的廚房開始整理！」「我想先整理快爆炸的衣櫃！」……興致盎然的你或許有這樣的想法，但其實這正是失敗的原因！如果先做最累的地方，就會接連被「好花時間」、「好疲累」、「不如想像中的整潔」這三重痛苦削弱動力或產生排斥心理，最後無疾而終。

想要整頓居家環境，我建議先從「整理箱子」開始。箱子中的小空間很快就能清理乾淨，也會讓人想堅持做下去。靠這個「整潔的連鎖反應」法則，你自然會繼續動手整理下一個箱子。在重複這段過程的期間，你會逐漸掌握整理與收納的訣竅，培養出自我風格的整理術。可千萬別小看箱子，在這小小的四方空間裡，肯定擠滿著你的重要物品喔。

鉛筆盒 別急著挑出要丟掉的筆，先試著按照書寫手感與喜好程度來排名吧！低於第十名的都是些什麼樣的筆呢？以我的個人標準來說，我從不使用印有藥品名或是企業名稱的筆，我會獨立抽出筆芯，捨棄筆殼。持有物是一種表現自我的方式，我不會保留不符合自己價值觀的東西。

醫藥箱　超過保存期限的藥品請馬上丟棄，不管是內服藥或外用藥都一樣。會留下處方藥物代表當初沒有把藥吃完，以後請記得確實服藥，不要留下藥品。

裁縫箱　把「工具」與「材料」分開吧！裁縫箱裡只放工具就好。如果放太多碎布料在裡面，變成每次要使用時都要移開碎布才能取得裡面的東西。布料請另外集中管理，鬆緊帶或鈕扣等小配件若不能全數收入箱子，就當作「材料類」另外統一收納。

化妝包　你的化妝包裝的都是有在使用的物品嗎？裡面有沒有別人送給你，但並不適合你的口紅，或者是不符合你喜好的香水呢？那些原本打算留著備用的試用包也請立刻拿出來使用。至於放太久的試用包則會傷害肌膚，直接丟掉吧。

飾品盒　「不喜歡這個款式」、「已經多年沒有配戴」的飾品，請果斷告別它們吧。如果飾品價格不低，可以轉賣給專門收購貴金屬的商家，或是找自家附近銀樓詢問也可以。

其他瓶罐或盒子的內容物　裡面是否裝著以前的信件、明信片，或是緞帶、印章等小物品呢？很多女性喜歡收集小東西，且習慣收在盒子裡。雖然不要求全部處理掉，但請大家把盒子一一打開來，仔細思考「現在的自己是否真的需要這些東西」。

認真想整理出乾淨住家的三大守則

1 沒有「不會收拾」的人

正在閱讀本書的人就是「會收拾」的人。我們都不曾正式學習過如何收拾物品，也無法效法父母，直到現在都是靠著「似懂非懂的感覺」在執行，所以大部分人都認為自己不會收拾。其實只要按照正確的步驟，你一定也能學會怎麼收拾物品。

2 只留下喜歡的「寶物」

正是因為「雜物過多」才會無法收拾，如果你不能直接減少物品，那就先篩選出重要的「寶物」吧！篩選喜歡的物品是一段快樂的過程，跟減少物品相比難度較低。請記得，會令你產生「遲疑」的就不是寶物，果斷地跟它們道別吧！

3 封印「之後再處理的想法」

之後再看、之後再洗、之後再收拾……尚未處理的物品堆積得到處都是。因為不斷「拖延」，所以家中才會愈來愈髒亂。從今天起，請你封印「之後再處理的想法」，每次遇到東西亂了、空間髒了，都要順手收拾！即使只是一些小事，立刻處理乾淨也會讓心情跟著變清爽。

Lesson 2

絕對不復亂！從減物開始的整理收納術

整理雜物與房間之前
先整頓自己的心情

你應該也曾聽過，很多整理收納術都會告訴大家「先想像理想中的未來，再動手整理環境」。但我們雖然有「將環境整理乾淨」的想法，卻很難具體去形容理想未來的模樣。即便興起打掃乾淨的念頭，身處在一片雜亂的空間裡，思考也容易亂成一團，突然被問到「你想要什麼樣的環境？」一時也答不上來。

要變得能夠具體描繪未來而非模糊不清的感覺，你得先確實掌握目前的狀況。或許你覺得自己「早就掌握現況」，但我還是想請你先在左頁的初步調查表裡勾選持有的物品，再看看自己是不是真的掌握住現況。有些人做完檢查後可能會全部都打勾，不由得懷疑自己的東西是不是太多了？請不必為此感到憂心。

大家可能會認為我家東西應該很少吧！其實我的刀叉餐具比一般家庭還多。雖然數量很多，但都有妥善管理，並沒有超出收納區域，因此能維持清爽舒適的狀態。相對地，我對時尚不感興趣，所以衣服數量很少。物品多寡沒有好壞之分，重要的是你要先認清家中有哪些物品。

初步調查表

你家中有些什麼東西呢？
要填寫門口的列表時請親自到門口巡視一遍，填寫廁所的列表就去廁所查看，務必到現場清點，勾選符合項目。最後把每個類型中數量最多的品項用紅筆圈起來。

門口（內／外）
☐高跟鞋 ☐涼鞋 ☐長靴 ☐短靴 ☐踝靴
☐雨靴 ☐球鞋 ☐皮鞋 ☐拖鞋
☐長傘 ☐折疊傘 ☐塑膠傘 ☐鞋類保養用品

廁所
☐衛生紙 ☐馬桶座墊 ☐芳香劑 ☐生理用品
☐廁所清掃備用品 ☐廁所用垃圾袋

盥洗區
☐牙刷 ☐肥皂、沐浴乳 ☐洗髮精、潤髮乳 ☐浴室踏墊
☐洗衣夾 ☐衣架 ☐清潔海棉 ☐刷子 ☐刮毛刀（刮鬍刀）
☐隱形眼鏡 ☐隱形眼鏡清洗液 ☐牙縫清潔刷、牙線 ☐圓頭梳、尖尾梳
☐吹風機 ☐電棒捲 ☐毛巾 ☐浴巾 ☐其他清掃工具

廚房
☐中式餐具 ☐西式餐具 ☐調理器具 ☐免洗筷 ☐紙杯 ☐拋棄式容器
☐清潔劑類（消耗品） ☐筷架（餐具架） ☐玻璃杯 ☐酒杯
☐餐碗 ☐茶杯 ☐茶壺 ☐電熱水壺 ☐平底鍋、炒鍋 ☐湯鍋、砂鍋
☐調味料 ☐吸管 ☐廚房用垃圾袋（塑膠袋） ☐夾鏈袋
☐杯墊 ☐便當盒 ☐托盤 ☐桌巾 ☐餐墊 ☐保存容器
☐擦拭巾 ☐廚房抹布 ☐餐巾紙 ☐避難糧食 ☐零食 ☐酒類
☐甜點烘焙用品 ☐甜點烘焙材料 ☐廚房家電

客廳
☐電視遊戲機 ☐遊戲軟體 ☐ CD ☐ DVD ☐錄放影機（錄影用品）
☐紙張文件 ☐書本、雜誌 ☐報紙 ☐文具

臥室／衣櫃（衣服、飾品）
☐上衣 ☐裙子 ☐褲子 ☐連身裙 ☐背心 ☐Ｔ恤（長袖、短袖）
☐夾克 ☐大衣 ☐西裝 ☐襯衫 ☐運動服 ☐居家服 ☐睡衣
☐內衣褲 ☐絲襪、內搭褲 ☐圍巾、絲巾 ☐手套 ☐皮帶 ☐帽子
☐托特包 ☐手拿包 ☐肩背包 ☐編織包 ☐波士頓包 ☐後背包
☐環保袋 ☐行李箱 ☐衣物保養用品 ☐參加婚喪喜慶的衣物

其他用品
☐裁縫工具、材料（布料等等） ☐五金工具 ☐備用燈泡燈管 ☐藥品 ☐紙袋
☐備用電池 ☐品牌宣傳品 ☐信件 ☐賀年卡 ☐相簿 ☐照片 ☐化妝品

運用「自我訪談分析表」

讓終點畫面在腦中具體成形

現在大家都知道自己家中有哪些物品數量過多，接下來我要問幾個問題，幫助大家具體想像理想生活的模樣。想要成功整頓周遭環境，關鍵是先在腦海中想像出終點畫面後再開始動手做，別只是傻傻地埋頭收拾東西。

1 請寫下持有大量物品對你來說有什麼好處。

例如：會感到安心，不需要一直出門購物。

2 請寫下持有大量物品對你來說有什麼壞處。

例如：搞不清楚哪些東西放在哪裡，常常需要找東西。

3 你想要怎麼度過假日？不是指現在，而是理想中的方式。

例如：想在家悠閒度過、想跟寵物玩一整天、想出門走走、想去購物中心逛街、想招待朋友來家裡。

4 你的購物頻率是多久一次？

□附近超市　每週（　）次
距離超市　徒步（　）分鐘
騎腳踏車（　）分鐘
開車（　）分鐘
搭公車或捷運（　）分鐘

□網路購物　每月（　）次

□私人宅配　每月（　）次

※請試著減少物品進入家中的次數

5 當你捨棄不需要的物品讓家裡變舒適後，想要什麼樣的室內風格？

例如：復古風、古典風、北歐風、奢華風、工業風、現代風、鄉村風。

最後一題——你想在整潔的家中怎麼過生活？

← 以真實範例作為參考，開始整理收納吧！

01

鞋櫃

A案例

家庭成員：丈夫（50幾歲）、妻子（40幾歲）、兩名子女（小學生）

Question
煩惱

❶ 不知道有哪些鞋子放在什麼地方！

❷ 鞋櫃已經塞不下鞋子了！

❸ 各種材質的鞋子該怎麼收納才好？

❹ 對雨傘和小物品的收納感到困擾！

我們全家人的鞋子都想要放進鞋櫃裡，可是鞋櫃收不完所有的鞋，結果連門口也堆滿鞋子。我們經常一看到縫隙就把鞋子塞進去，導致鞋子呈現疊放或硬塞的狀態，如此一來鞋子也很容易損壞。

由於數量實在太多了，搞得我們完全不曉得自己有哪些鞋子。而且不只是鞋子，因為保養鞋子的用品、雨具、除蟲噴霧等也都會在玄關使用，所以我們一併放在這裡。雨傘數量也不少，訪客用的傘架上變得全都是家人的傘，有客人來訪時根本無法使用。

鞋櫃現在的情況真是慘不忍睹，希望能改善成可以一眼看出有哪些鞋子收在什麼地方，而且能方便拿取每一樣東西。

Answer

解決法

❶ 將鞋子全部拿出來清點。

❷ 精挑細選出鞋櫃能容納的鞋子數量。

❸ 將鞋子依照穿戴者、季節來統整分類。

❹ 按類型來分類小物品。

屋主無法掌握自己持有多少鞋子的原因，除了數量太多以外，見縫插針的收鞋方式也是肇因之一。無法看到全部的鞋子，自然不會知道有哪些鞋子已經不再需要。

思考如何收納之前，必須先不厭其煩地把所有鞋子拿出來盤點，看看裡面有沒有同款的鞋子、不能穿的鞋子、不想穿的鞋子……清楚掌握你擁有哪些鞋子是很重要的步驟。瞭解自己持有哪些，也有助於避免未來又購買類似鞋子的惡性循環。

不只是鞋子和雨具，門口還會混雜鞋子的保養用品與除蟲噴霧、跳繩、海灘拖鞋等等各類物品，這些也要統統拿出來清點。

鞋子請依穿戴者及用途分類收納

這個擠到毫無空隙的鞋櫃，雖然勉強有依照穿戴者分類，但仍會看到靴子和球鞋放在同一層、非當季用品的海灘拖鞋擺在最佳位置等等情況……整體鞋櫃充滿著「先塞進去再說」的感覺，非常可惜。

鞋子的收納有三大要點：①依穿戴者與鞋高來分類。②配合穿戴者的身高來安排擺放高度。③依據季節變化與使用頻率更換位置。

①因為每位家人的鞋子都散落在各處，不只要費工夫尋找，還很浪費時間！即使尺寸不同，但過多相似色仍會擾亂視覺，因此一定要依照穿戴者來分類。此外，按照鞋子高度與用途來分類的做

法，不僅能夠減少空間浪費與找鞋的麻煩，還能增加收納量。

②收納時要依照家人身高來安排位置。男主人平日要穿的上班用皮鞋，配合他的身高放置在合適的高度，只會在假日穿的鞋子就收在鞋櫃的下層或是上層（如上圖的右列區域）。小孩的鞋子也配合其身高來收納。女主人的鞋子則是依照使用頻率，並且依鞋子種類與高度來收納（照片拍攝時為冬天）。

③由於全家人的海灘拖鞋使用頻率很低，全部收進附有蓋子的收納盒（宜得利 N INBOX），移動到鞋櫃最上層，等到需要使用時再將盒子取下即可。

NG Point

① 塞到滿出來的鞋子

最理想的狀態是門口的地上沒有任何一雙鞋子，即使要擺，最好也只放會在這裡穿的鞋子。

② 硬把鞋子塞進鞋櫃

「不管怎樣先塞進去再說」，雖然這樣確實能把鞋子收進鞋櫃，但是鞋子好像很快就會變形，非常可憐。

③ 充斥著鞋子以外的物品

鞋櫃裡也塞著鞋子的保養用品、跳繩等等其他物品。

④ 有好幾把傘

訪客用的傘架上掛滿家人的雨傘，完全失去原本的功能。

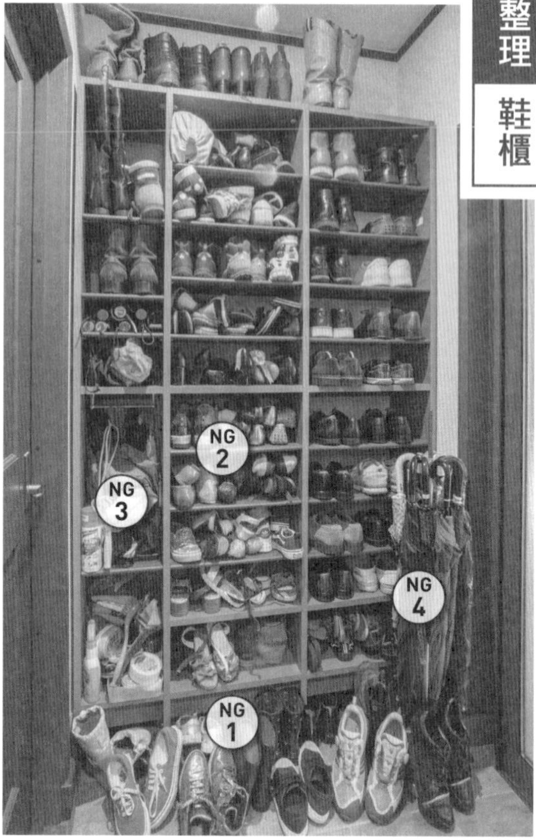

無視空間容納 塞進全部鞋類的鞋櫃

A案例的鞋櫃收納最主要的敗因，在於鞋子數量超過櫃子足以容納的空間。原本鞋櫃應該是最容易整理的地方，結果卻遺憾地變成「先塞再說」的狀況。

為了找出雜亂的根源，我先將全部的鞋子拿出來清點，發現裡面包含了不能再穿的鞋子、非當季的鞋子、使用頻率很低的登山鞋等等，各種鞋類全都塞在裡面。雖然我能體會大家想把鞋子集中收在同一處的心情，但收納時絕對不能無視容納的空間！**若不依照季節及使用頻率來整理，就無法以容易拿取的方式收納平常會穿的鞋。**

另一個敗因則是空間被鞋子以外的物品佔據，如除蟲噴霧、鞋類保養用品之類的東西。因此我把品質劣化、不可再使用的物品，以及已多年未使用的東西統統丟掉，挪出足夠的容納空間。

分類 Point

拿出鞋櫃裡所有的鞋子

把全部的鞋子拿出來，依照種類、色系、用途統一分類，先明確掌握自己擁有的鞋子。所有鞋子一目瞭然之後，就能夠找出很多相似的款式，不但有助於判斷要不要保留，也能加快整理速度。

已經不穿的鞋子

鞋子和衣服都屬於「有流行性的消耗品」，很難果斷決定要不要丟棄。不過那些尺寸不合、易磨腳、受損、過時的鞋子，你就勇敢地丟掉吧。隨著年齡增長，若你覺得自己不再穿高跟鞋，或是會因此感到不舒適的話，即便鞋子再漂亮，也要把它視為「壽命已告終的鞋子」勇敢捨棄。至於那些連同鞋盒一起保留下來，相對比較乾淨的鞋子，正是「不常穿」的證據，也許你有很多不常穿它的原因，但這也表示你往後不會再穿了，請儘早拿去回收吧。

回收

丟掉

其實不再使用的雨傘

清點雨傘時，我發現這家人還保有子女幼兒時期使用的兒童雨傘與壞掉的傘，以及並非特別喜歡只是隨手丟在家裡的傘。正因為不會每天使用，便一直放著不管，從來不去碰，也未曾察覺……這種情況很常發生，所以請大家至少每年要清點一次家中的傘。

保持方便拿取與收納的間隔

整理好鞋子數量後，再依照穿戴者及使用頻率安排位置。**此時的收納重點是要配合穿戴者的身高來決定擺放的高度。**「方便使用＝方便收拾」，別把鞋子硬塞成一團，要保持方便取出與放入的間隔，這麼做不僅美觀，也會產生「要維持整潔」的想法，能避免重蹈覆轍。

順帶一提，考慮到**「誰是使用者，會在哪裡使用」**的問題，這次我把小孩會在學校使用的海灘拖鞋放進夾鏈袋，跟泳衣一起收在孩子的房間，不再收納在門口。另外，鞋頭等於是鞋子的門面，因此我讓鞋頭全都朝外擺放，看起來整齊劃一，如果想以方便拿取為優先考量，也可以改將鞋跟朝外。

收納 Point

Ⓐ **鞋櫃的黃金區域**

配合女主人的身高，把穿著頻率較高的黑色高跟鞋收在方便拿取與收回的高度。

Ⓑ **訪客用傘架復活了！**

因為找回放雨傘的空間，這個長期被家人佔用的訪客用傘架終於恢復原本的功能。

Ⓒ **找回收納空間**

配合鞋高移動櫃子層板之後，上層多出新的空間。再增添層板便可提升收納量。

Ⓓ **傘具以吊掛方式收納**

由於鞋櫃原本的橫桿高度和傘具不合，無法使用，於是改以伸縮桿替代。

利用網布材質的鞋盒來對付濕氣

如果家裡有草鞋這類材質的鞋子，收納時要留意避免發霉，可以選用透氣性良好的網布材質收納盒（IKEA SKUBB 系列）。這種鞋子專用收納盒有一定的高度，可另外用組裝型收納盒（大創）組成ㄇ字型，打造成雙層空間，連同防水套收在一起。比起裝進買回來時的盒子裡，這樣更能節省空間。

NG！我們經常把非鞋類的物品也收在鞋櫃

①依照穿戴者分類。②配合穿戴者的身高收納。③按照季節與使用頻率定期更換位置。收納只要做到以上三點就能大獲成功了，鞋櫃會變得很方便使用喔！不要因為「還有空間」就改變鞋子的擺法，或是把鞋子的保養用品塞進空隙。只要我們稍有大意，其他地方很容易跟著淪陷，因此絕不能這麼做。

02

廚房

B案例

家庭成員：丈夫（50幾歲）、妻子（40幾歲）、兩名子女（小學生）

Question
煩惱

❶ 廚房的收納區不好用

❷ 搬家後幾乎維持原狀沒整理過

❸ 想要好好整頓抽屜裡的東西

❹ 不知道自己有什麼東西放在哪裡

❺ 想要精簡、清爽的生活環境

自從幾年前搬來新家後，我們一次也沒有認真整理過物品。由於家中經常有訪客，必須要準備許多客人用的餐具，因此當初有特別規劃足夠空間的收納區，但由於只是大致分類，根本記不得家中有什麼物品放在哪裡。每次要拿取某樣東西時，也得先將前面的物品移開，實在覺得很煩。

因此我想趁這個機會，徹底分類需要與不需要的物品，解決目前擁擠不堪的狀態。這是我依照個人習慣所採用的收納方式，想請教紗代老師覺得這樣做是否正確。

Answer

解決法

❶ 取出並清點所有物品

❷ 只留下必要之物

❸ 依照使用頻率、種類、用途來整理

❹ 配合家人的成長階段來篩選物品

❺ 打造沒有雜物且收納清爽的環境

這家人廚房最大的問題就是東西過多，所以我先取出所有物品進行清點，掌握現場到底有哪些東西。盤點時順便依照種類、用途做好分類。屋主雖然有大致區分類別，但相同類型的東西其實被散放在家中各處，因此沒有察覺自己總是在重複購物。

整理時不要只以區域來分類（例如以抽屜、櫃子為單位），假設手邊拿到的是餐具，那就將它們再細分成盤子、飯碗、小缽等類型，如此更能方便辨別自己還需不需要這些物品。分散購買的收納配件，或是只將就於原本傢俱配備的隔板，都是造成大家無法妥善整理的重要原因，屋主正好能藉此機會重新審視手邊的收納用品。

廚房

有三大缺失的不便收納

餐具櫃乍看之下似乎有做好分類，但是打開門板或拉開抽屜一看，我馬上發現收納上有三大缺失：①不知道裡面有什麼東西放在哪裡。②不方便拿取。③糟糕的動線。

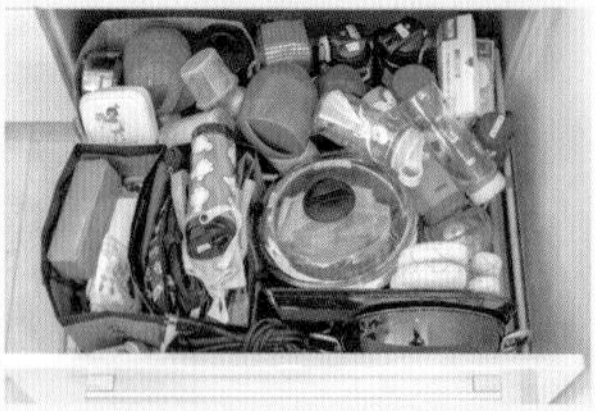

抽屜裡面擠得毫無空隙！想拿出要使用的物品，就必須先移開或是取出其他東西才拿得到。於是我先清出所有物品，徹底篩選出需要和不需要的東西。

物品減少後 空間變得 清爽舒適

原本因為重疊擺放而不方便拿取的東西變得能夠輕鬆取用。只要善用收納盒，就能讓整體外觀看起來更清爽。

東西變少之後，再進一步對物品進行群組分類。只要一個動作就能在使用區拿到物品，是在做收納規劃時的重點。若能夠徹底執行這點，就不會在這種舒適感中還重蹈覆轍了。

廚房的整理・收納成功步驟

START

1
鼓起勇氣拿出所有物品

2
從食品、調味料開始整理

3
整理消耗品與洗潔精類

取出各項物品進行篩選，減少數量

廚房裡有各式用品，例如食品、調味料、餐具、調理器具、洗潔精、袋子等等諸如此類的消耗品。整理時請先①拿出所有物品。②集中類似物品。③從中刪除重複或不需要之物。④收在會使用該物品的區域。讓廚房變成使用方便又能短時間做完家事的地方。想要做好收納，就要先減少物品。

明確標示保存期限的食品最容易整理

超過保存期限的食品請馬上丟掉！不單指食材，包含咖啡、酒類、零食、調味料等也一樣，只要是會吃進人體內的食品都要確認日期。許多人常常認為瓶罐類的保存期限都很長，可是像果醬或香料類的保鮮期意外很短暫，必須特別注意。大家也經常忘記查看烘焙材料，請務必仔細檢查。

別持有超過收納空間的數量

塑膠袋或保存容器總是在不知不覺間變多，因此一定要劃定收納空間，嚴格遵守「只持有空間足以容納的數量」原則。借用的保存容器請盡快還給對方。蓋子關不緊或是已經變色的物品請即刻丟棄。如果家中還有保鮮膜或塑膠袋的備用品，購物時就算看到它們在特價也絕不能購買。

4 整理調理器具

從最常用的器具開始清點

廚房裡有平底鍋、湯鍋、長筷、湯勺、刨絲器等各式各樣的器具。你家中是否有重複的開罐器或紅酒開瓶器呢？這些東西只要有一個就夠用了。而拿起來過於沉重與使用不順手的器具，使用頻率勢必不高，以上物品若已不再使用就列入處理名單。

5 整理碗盤、餐具

配合生活風格來整理

關鍵是只留下「現在」會使用的東西即可。以前會用但現在已經不喜歡的、因為只剩一個而不方便使用的、有裂痕或缺口的……請毫不猶豫地處理掉上述物品。家人隨著年齡增長，生活風格會出現改變，使用的餐具也會有所不同。大家不需要保留過去的碗盤，筷子叉匙也一樣。

GOAL

6 收在方便取用的地方

以用水、用火、高度作為收納標準

茶壺及量杯請收在流理檯下；平底鍋、湯勺等物品收在瓦斯爐或IH爐下方；沉重的砂鍋、電烤盤收在低處；刨冰機、野餐盒等季節物品和低使用頻率的東西收在高處；碗盤等每天會使用的餐具則收在中間區域。「有空位就塞」的做法並不叫收納，請務必配合實際使用情形分配位置。

因為塞太多東西導致布製品變得皺巴巴。布製品也需要新陳代謝！

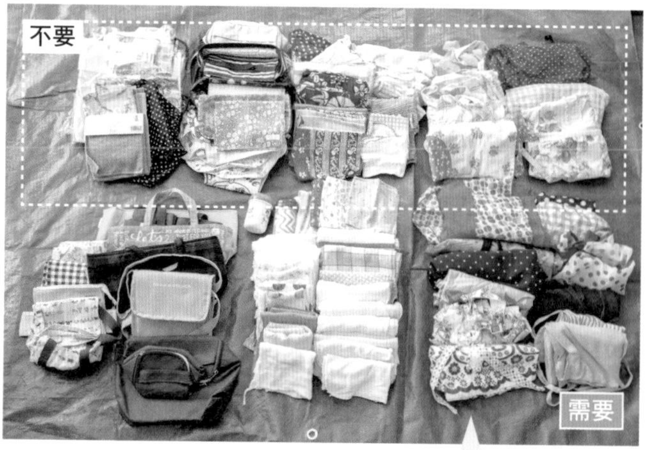

廚房會用到的「全部布製品」都收在這個抽屜裡。統統拿出來一看，發現裡面有大人圍裙、兒童圍裙、抹布、擦手巾、便當袋等五種東西，現在已不使用的舊便當袋跟新的抹布都混在一起了。唯有經過清點、分類之後，才能更容易判斷自己還需不需要。

因為屋主「喜歡布料」，抽屜塞滿喜愛的布製品，從還沒剪掉吊牌的新品到舊物全都塞在裡面。可是塞了過多布製品的抽屜卻無法發揮正常功用。

沒有備用品會覺得很不安⋯⋯但要小心別買過頭了！

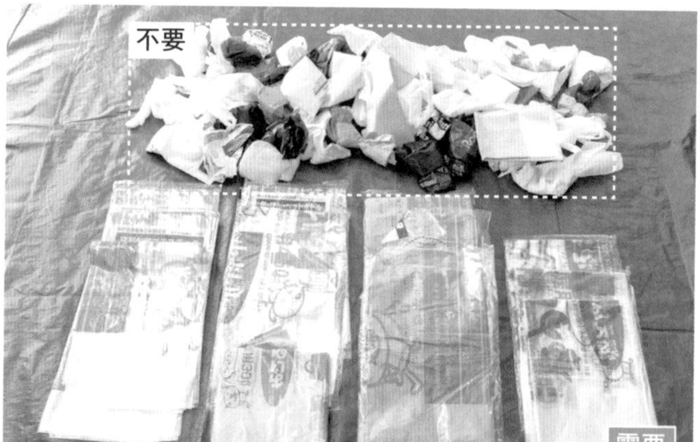

心中想著「總有一天再丟」卻老是丟不掉，這是因為你覺得「這樣很浪費」。「不能浪費」的想法霸佔你的優先順位，因此不知不覺中不斷增加數量，最終演變成一團亂！收納的關鍵之一就是要拋開「捨不得浪費」的想法。

因為不用錢，所以家裡的塑膠購物袋總是悄悄增加。以「可以拿來裝垃圾」、「總會有需要」作為藉口，不斷累積塑膠袋，即使超過管理數量也捨不得放手。

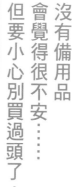

一不小心就會堆積如山的保存容器與保鮮膜，請依照品牌統一分類！

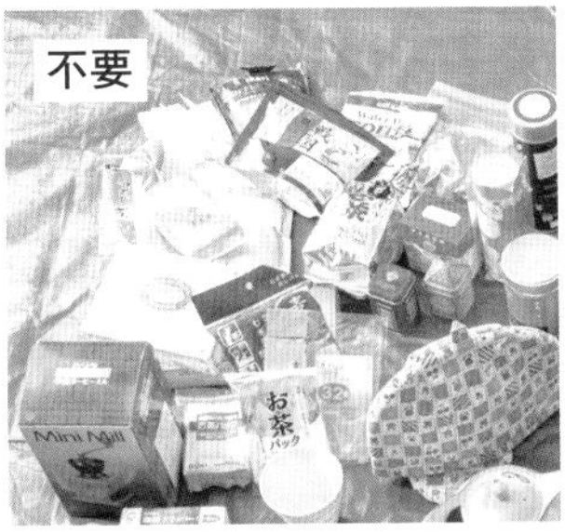

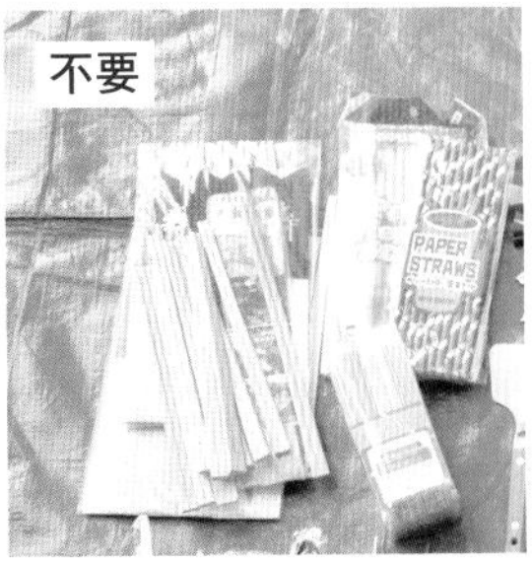

NG!

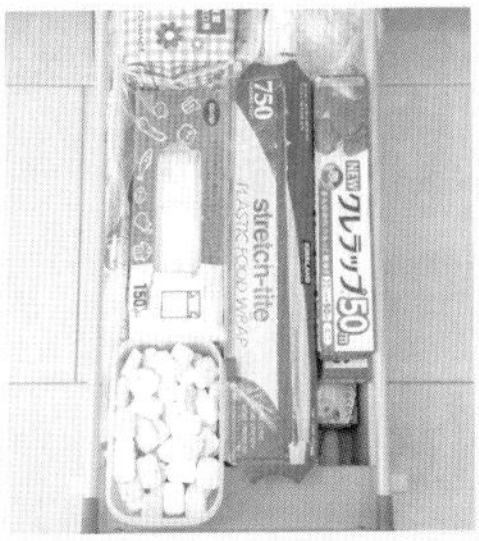

屋主雖然有大致分類保鮮袋與保鮮膜類產品，但未考慮使用頻率，因此都收在同一個抽屜裡。要取用時得彎下腰，也會對身體造成負擔。

有深度又有寬度的抽屜可以容納很多東西，忍不住就會一直放東西進去。雖然有用收納容器統整物品，但沒有統一款式，導致看起來不清爽。

除了有多個相同用途但尺寸各異的湯鍋，消耗品類更是混雜著已開封使用品和備用品。現在的與未來的交雜在一起，以致於許多東西都不便拿取。

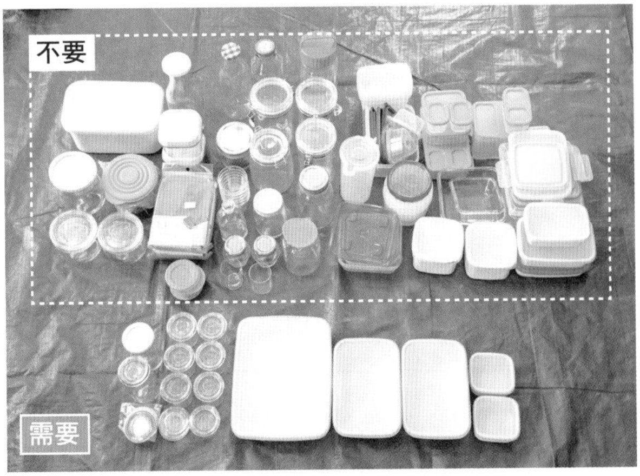

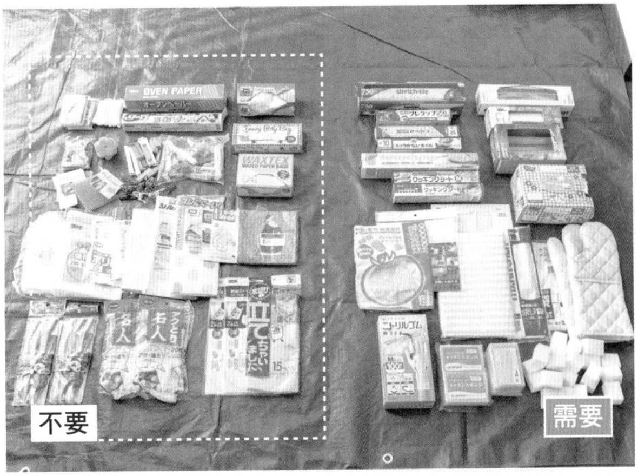

正因為每天都會用到，更要使用最適合自己的保鮮膜與保存容器。如果用得不順手，就算一度受到試用包與特價品的誘惑，最後也只是徒增不需要的東西，那樣才是浪費金錢又浪費空間！尤其是消耗品，請選出自己最愛的品牌，別只是買來濫竽充數。

不只食品具有保存期限
廚房抹布、洗碗海綿、保存容器等也都有使用期限

又髒又舊的廚房抹布是細菌寶盒；塌軟的舊洗碗海綿變得很難洗淨汙垢；上蓋無法密合的保存容器代表它已壽終正寢；保存容器底部是否也變色了呢？**受損的物品就索性丟掉吧**。除了上述消耗品，保鮮膜、鋁箔紙、洗碗精等的備用品也要收在同一個地方，確實做好收納管理，如果分散在各處便無法掌握庫存數量，以致渾然不覺地重複購買。家中若有很多在超商買東西時附贈的免洗筷、湯匙、吸管等，那麼從今天起的每一餐都拿出來使用吧！客人來訪時最方便使用的就是免洗筷，不過最多只保留十雙就好，其他免洗餐具在每次吃完飯就丟掉，還能順便減少待清洗的東西。

家中堆滿許多雜物的屋主都有一個共通現象，就是「看到東西很便宜就忍不住購買」。**其實你購買的只是一種「買到賺到」的錯覺**，等回到家看到大量同款物品才猛然驚覺「家裡居然有這麼多！」這就是沒做好庫存管理的證據。**不擅長管理庫存的人更應該貫徹「一備用一使用（One Stock One Use）」原則**。「一備用一使用」指的是除了正在使用中的物品，另外保留一個相同品項備用，庫存量絕對不能超過一份（別人贈送的禮物例外）。等手上的用完之後再拿出備用品，並在第二個東西用完之前去補充一份。**每項用品都只維持一個備用品**。這樣既不會浪費錢，管理又

常見的錯誤做法

不要囤積吃冰淇淋用的免洗湯匙或袋子封口用的鐵絲條（中間夾著鐵絲的塑膠綁帶）。無論過多久你都不會使用，它們只會愈放愈舊。

輕鬆，也不會佔用收納空間。

廚房消耗品的整理法則

- 訂定使用期限。（例如：洗碗海綿一個月換一次，保存容器一年更新一次。）
- 選出固定愛用的物品。（若能找到愛用品，就不會亂槍打鳥地胡亂購買，東西也不會持續增加。）

請現在立刻丟掉的物品

又髒又舊的廚房抹布、塌軟的舊洗碗海綿、受損的保存容器、插過蛋糕的蠟燭、破舊的超市購物提袋或髒汙的塑膠袋、失去彈性的橡皮筋。

要全部用完別保留的物品

在超商等商店獲得的免洗筷、湯匙、叉子（訂定備用的數量，多餘的請在用餐時用掉）、拋棄式濕紙巾（拿來擦拭ＩＨ爐或瓦斯爐周圍）、大量的洗碗精（除了平常會使用的品牌以外，別再購買其他品項）。

維持一備用一使用的物品

洗碗精、保鮮膜、鋁箔紙、烘焙紙、垃圾袋、瀝水網。（廚房外的區域則是牙膏、牙刷、洗髮精、潤絲精、肥皂、沐浴乳、洗衣精等消耗品）

寬敞的抽屜需要劃分區域

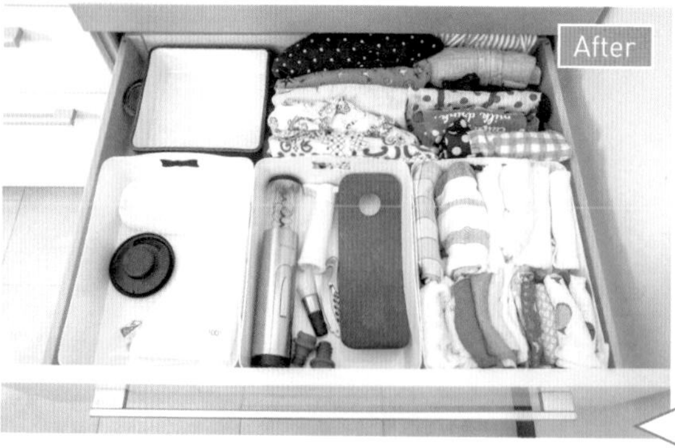

在寬敞的抽屜裡，即使將東西分門別類，也會跟其他群組混在一起，因此要使用收納盒來劃分區域。一個盒子只裝一個種類，並且數量不能超過收納盒容量，如此一來東西就不會變亂。

看不到的地方更需要做好管理

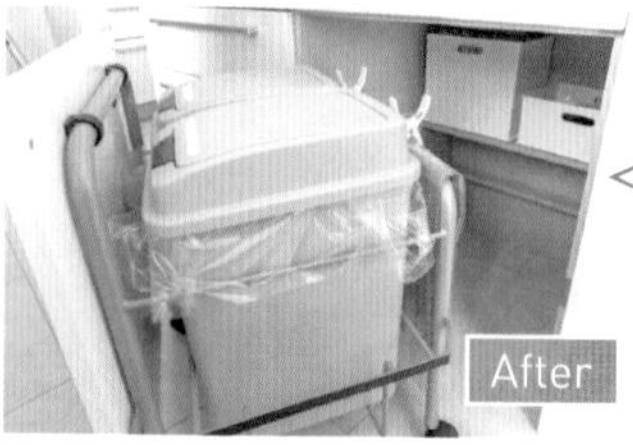

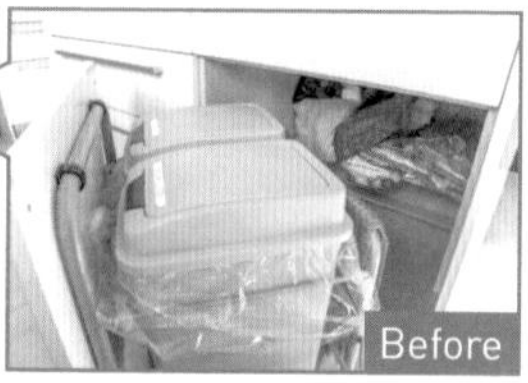

放置垃圾桶的櫃子內部收納方式，一定要能方便管理備用品。為了便於拿取垃圾袋備品，在收納盒內放置抹布架，然後將垃圾袋掛在裡面。下一個要使用的袋子就掛在垃圾桶架的橫桿上，並用洗衣夾固定，防止掉落。

Point

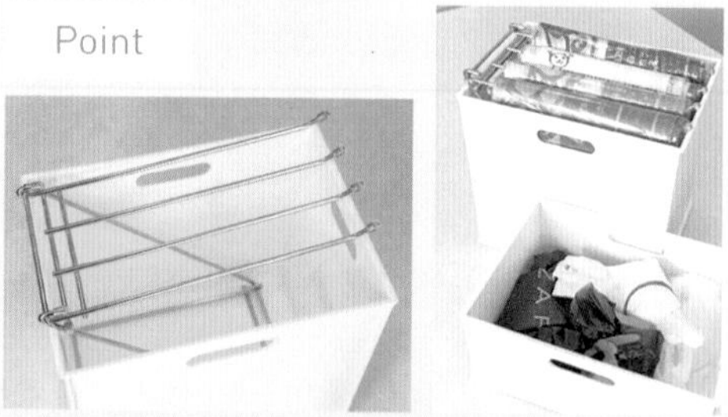

塑膠購物袋的數量不能超過白色收納盒，一滿出來就即刻處理掉。（收納盒為宜得利的 N INBOX 款式／抹布立架為大創產品）

以使用頻率為重點移動收納位置

如果把每天要用的保鮮膜或是洗碗機用洗潔精放在最下層，每次都得彎腰才能取得，不僅極為不方便還會造成身體負擔，因此需要更換位置。

使用空間較深的抽屜時東西立起來放更方便拿取

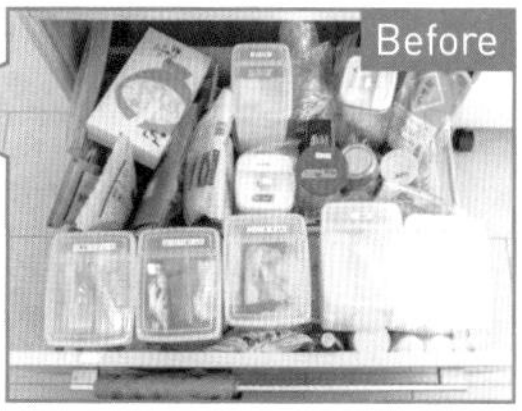

瓦斯爐正對面的大抽屜裡，將平底鍋及保鮮膜以直立方向擺放（瓦斯爐底下為烤箱，無法收納物品）。考量使用者動線，讓人一拉開抽屜就能夠取用。

重視使用動線的食材收納法

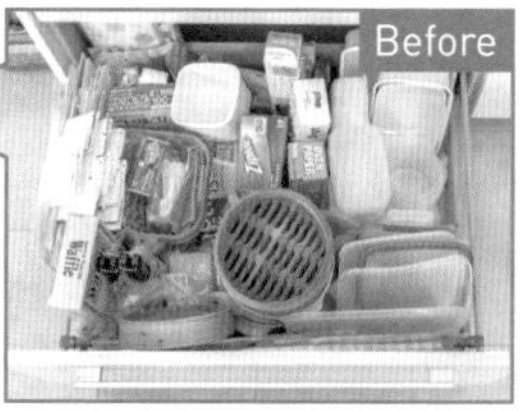

食材類統一收在距離冰箱最近的大抽屜。相關品項集中收在同區域附近的話，購物完回到家就能輕鬆做好收納。

不斷嘗試更換位置直到找到屬於你的方式

保鮮膜與垃圾袋的使用頻率相對較高，屬於要儘量收納在最佳位置的一軍物品。**決定固定擺放位置的標準為：①收在會使用的區域。②放在容易拿取的高度。③方便拿取也方便收納。**只要上述三點兼備，下廚時必能迅速拿取所需之物，也能俐落地收好。在心中記住這三大要點，不斷地嘗試更換收納位置，直到你找到對自己而言最好的位置為止。與其坐著思考不如起身行動！你肯定能找到最滿意的收納方式。

消耗品的備用品也可以集中收納在別的地方，但務必謹記不能囤積太多，只能維持在足以管理的數量以內，如此還能避免自己亂買一通。

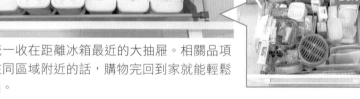

只選擇自己覺得最好用的東西就不會胡亂增加雜物，收納也不再感到壓力

超市檯面上的商品日新月異，架上隨時都會出現新產品與特價品。我非常能夠體會大家看到網路、電視、雜誌推薦的商品後，忍不住為之心動想要購買的心情。但是那些對你而言，不一定是最適合、最合手的東西。

我曾經看到非平常慣用的他牌保鮮膜比較便宜就買來試用，結果開封使用後一直無法適應與平常不同的微妙手感（例如觸感或切割保鮮膜的方式），使用期間總是很煩躁。除了保鮮膜以外，我也買過新上市的洗碗精，結果害手變得更粗糙。相對地，對手部肌膚較溫和的洗碗精雖然更友善環境，但清潔力通常比較弱，消耗量比一般產品還多，所以顯得很不划算。

也許有人會認為如果不好用「丟掉就好」，不過無法隨便捨棄正是家庭主婦的天性。因此我後來只購買愛用品，不僅揮別壓力，也不會因為亂買一通而增加雜物，反而能節省開銷。

當遇到非常想試用看看的新產品時，我會先上網調查評價，或詢問身邊朋友的使用感想，若最後仍決定要買，就選擇最小的尺寸來試驗手感。

購買保存容器的要點

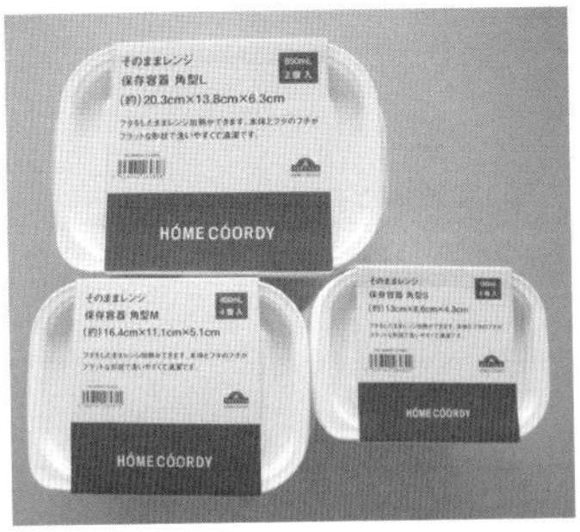

- **可以重疊**
- **便宜**
- **到處都買得到**

我家使用的保存容器是「HOME COORDY 可微波保鮮盒」。有不同尺寸可選擇，照片為四方形的 L 號、M 號、S 號。

別以為這只不過是消耗品而已，通常囤積愈多備用消耗品的住家，愈容易發現大量「試用後覺得不適合自己」、「覺得很浪費所以捨不得丟」的東西。

選出「愛用品」，可以避免猶豫不決、不當的支出、收納空間被不使用的東西佔據的問題。這裡要注意一個重點，你的愛用品必須是到處都能方便買到的商品，否則會下意識認為自己必須多買一些來備用。別抱著「不需要為區區消耗品做到這種程度」的想法，只要對生活抱持一些小堅持，你就不會再徒增雜物，生活會跟著變得輕鬆舒適。

我的愛用品列表（一備品一使用的物品）

清潔劑類
洗碗海綿
保鮮膜
夾鏈袋
瀝水網
保存容器
洗髮精等衛生用品
牙刷與牙膏

將分散四處的調理器具集中檢視，居然找到這麼多不需要的東西！

中島櫃（料理檯）的用途是供人簡易用餐或將料理盛裝擺盤的空間，要隨時保持寬敞，避免擺放不必要的物品。

瓦斯爐周圍掛滿抹布與隔熱手套，不僅整體看起來雜亂不堪，更有引發火災的疑慮。

東西全部拿出來檢查後，發現有好幾個相同用途的物品。四個砧板、不同材質的鍋鏟、湯勺、飯勺，還有許多量杯等等。由於使用中的、沒有在使用的、不好用的物品全都混雜在一起，最後我只篩選出好用的東西，其他不必要的統統捨棄。

Ⓐ 刀叉、廚房用具、廚房雜貨所附的小本說明書……各式各樣的東西都塞在這個抽屜裡，看不出來哪裡收納什麼東西。

Ⓑ 寬敞的抽屜沒有明確區隔，而且空隙間塞滿雜物。每次都得先移開旁邊的東西，才能拿出目標物。

不知不覺堆滿各種做點心的烘焙用具

家裡的孩子喜歡做點心，所以屋主總是忍不住購入各種烘焙用具。尤其日系百圓商店等處就有販售可愛的簡易模具與包裝用品，選擇多樣、購入方便，導致家裡的東西漸漸地愈堆愈多。

烘焙用具的形狀不一，是非常難收納的物品。加上不會頻繁使用，很容易隨便亂收，等到要使用時才發現不好拿取，造成煩躁感。

主人早已遺忘的新鍋子

廚房裡有大量購買後從未使用的鍋子。因為它們被收在屋主拿不到的櫃子深處，所以才一直沒有拿出來用。「為了方便使用而收起來」是收納的原則。那些買回家後才發現並不好用，而且之後不打算再繼續使用的東西就索性放手吧。

流理檯下方擺放許多平底鍋、量杯、調理盆以及各種器具，收納方式完全不符合家事動線。

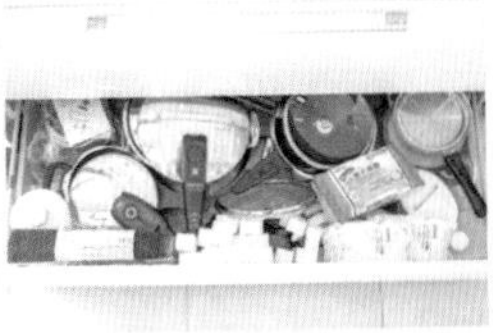

從抽屜裡還找到尺寸一大一小的壓力鍋。大的無法兼作小的，使用上較不方便，還佔用空間，因此也選擇捨棄。

整理廚房最困難的就是調理器具與餐具

平底鍋、鍋子等調理器具與各種碗盤餐具是整個廚房中最難整理的部分。我們往往對這兩類物品會投射許多想法，例如：那是結婚時買的成套組合、當初購入的價格昂貴、東西還沒損壞不能浪費等等，因此即使覺得用起來不順手，很多人仍舊會繼續使用。

我會定期更換自己視為「消耗品」的鐵氟龍塗層平底鍋，但是過去面對鑄鐵鍋時，我卻拿「自己很喜歡」、「價格昂貴」當藉口，明明很少使用卻長期讓它佔據廚房。鑄鐵鍋使用頻率不高的原因是因為「重量」，它光是空鍋就已經相當沉重，加入食材和水之後更是重量加倍。拿取與收納時對身體的負擔，以及想到要清洗它的痛苦感，讓我最終還是忍痛割捨它。結果，廚房因此多出許多空間，其他鍋子也變得更方便拿取，整體變得更舒適！雖然我總是會嘲笑以前的自己為何要如此執著，但是**若不曾嘗試放手，就沒有機會體會這種舒適感**。此外還可以趁這個機會，找出那些「雖然還沒壞，但也撐不久」的東西。

- 鐵氟龍塗層出現破損的平底鍋、容易沾鍋的平底鍋。
- 手把搖搖晃晃，感覺快要脫落的調理器具。
- 不符合個人喜好，別人送的禮物或活動贈送的餐具跟調理器具。

常見的「不便利」調理配件

〇〇專用刀	用微波爐就可以做出〇〇
↓	↓
結論　與其使用專用刀，直接拿菜刀切更快	結論　要取得微波用的相關器具很麻煩
例如：・蒜頭切碎器 ・酪梨去核切片器 ・蘋果切片器 ・蘋果削皮器	例如：・製作煎蛋的容器 ・煮飯的容器 ・煮義大利麵的容器 ・製作蒸物的容器 ・製作烤番薯的容器

標榜便利的調理配件其實是「不便利用品」

已不再使用的調理器具請即刻捨棄！最初以為「很方便」而購買的東西，實際使用後卻發現一點也不方便，所以你才會一直閒置不用吧！

我也曾錯買號稱「便利」的調理配件，其中一個是「高麗菜切絲用巨大削皮刀」。當初在百貨公司看到店員現場示範「用它輕鬆削出高麗菜絲」後，因為很心動就立刻購買了。剛買的那段時間，我確實常拿它來削高麗菜絲，但過一陣子就膩了，想拿來改削馬鈴薯或蘿蔔皮，又因為尺寸太大不好用，最後也只好決定捨棄。

往後你若遇到這種內心蠢蠢欲動的時刻，請在浮現「有這個真方便」的想法後，停下來重新深呼吸，想一想「沒有它會很不方便嗎？」整理收納有一句術語：「**有它的話很方便，等於沒有它也無所謂。**」如果廚房裡只有「缺少它會很不方便、很困擾」的東西，你就不會受到「維護清潔很麻煩」、「需要更多收納空間」、「浪費金錢」這三重痛苦的侵擾。

雜物過多就需要篩選！

大量的長筷、類似的調羹和鍋鏟等勺子類、重複的開瓶器與開罐器……由於這些都不是消耗品，若沒有下定決心篩選後捨棄，它們就會持續存在。**相同用途的物品只要留下一兩個就夠用了，不必留下一大堆。**東西太多不僅需要挑選使用，還會猶豫不決。就算只是數秒鐘，也是一種時間的浪費。如果東西只有一個，自然就不用選擇跟猶豫。

篩網與調理盆請直立收納以便隨取隨用

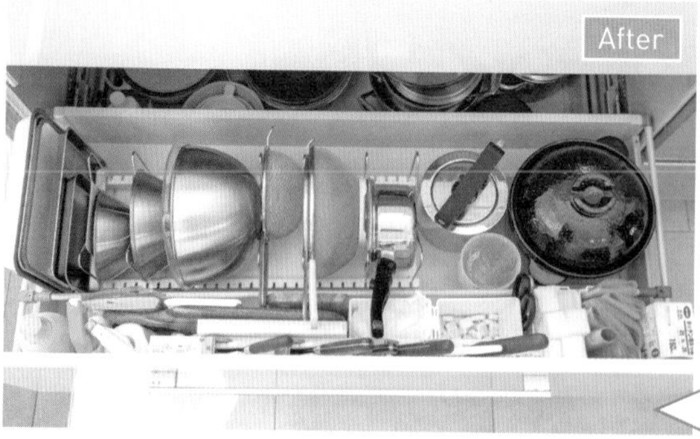

重疊擺放會不利於拿取的器具，如調理盆、篩網、平盤、無法單獨直立的鍋子等，可以利用立架將它們立起來。而每天會用到的煮飯用砂鍋、水槽清潔劑與袋子類、排水孔濾網等物品，都要收在一打開抽屜就能馬上取得的位置。

深鍋類應方便拿取與收回就算要重疊也別疊太多個

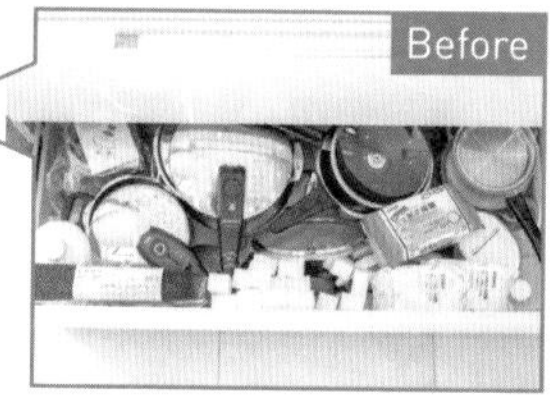

沉重的鑄鐵鍋、高度較高的深鍋、低使用頻率的湯鍋等，請收在流理檯下方最底層的抽屜。會配合鍋子使用的隔熱墊也收在一起，能節省拿取時間。廚房只留下「會使用的東西」與「正在使用的東西」，就能獲得更多寬敞的空間。

將平底鍋立在最外側以便取用跟收拾使用頻率低的器具請收在內側

使用立架將平底鍋與鍋蓋直立起來，打造可以單手拿取的動線。並把高使用頻率的保鮮膜、鋁箔紙立在最外側，最裡面則擺放壓力鍋與蒸籠。以使用頻率作為收納標準，就能減少做家事時間。

湯勺、長筷跟調味料罐統一收納

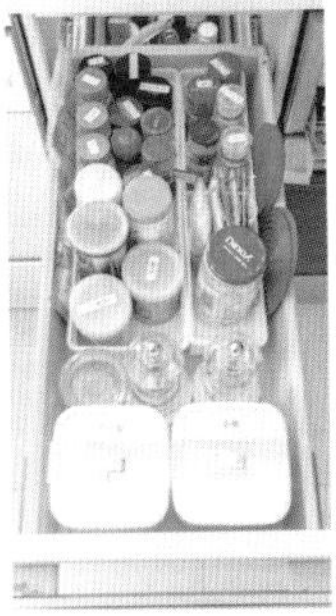

比起把勺子類平放，直立收納更能避免在拿取時卡到其他東西。拿掉廚房系統櫃原本裝設的隔板，善用日系百圓商店販售的盒子與托盤，就可以增加收納量，使用上更方便。

使用盒子統一收納烘焙用具

餐具櫃的深度達六十公分，最高層的內側就算拿梯子墊腳也很難伸手搆到，因此我用兩個收納盒（宜得利 N INBOX）前後並排，模仿像抽屜一樣的收納方式。

Point

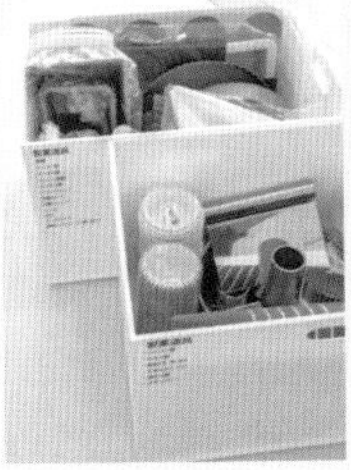

意外有些重量的烘焙用具按照形狀分類，並且與消耗品分開收納。重疊擺放會被壓在下面，所以我把東西立起來，從上面就能一眼看清楚內容物。

坦率面對自己的感受！一旦浮現煩躁感就先拿出來

因為東西並沒有損壞，就算覺得用起來不方便、重量太重不好移動、最近已不再使用，卻還是無法忍痛割捨。畢竟當初花費不少錢購買，即便現在沒有在使用，未來總有一天會用到……只要你有一絲這樣的想法，空間就會被「無人使用的物品」佔據，最想用的東西反而無法輕易拿取。

當廚房有某物品讓你感到些微不方便時，請別忽視內心的感受，暫時把東西拿出來，試著移動到其他地方吧。如果之後發現自己仍需要或是想要使用它，就把東西放回原位就好。倘若數日後，發現自己不會因為沒有它而感到困擾，就果斷地處理掉。想要讓自己每天做家事時都有愉快心情，你就不能忽視當下的感受。

立架不只能拿來擺放平底鍋，也可以立起鍋蓋、調理盆、平盤（第58頁）。善用立架就可以減輕拿取鍋具時對身體的負擔。

推薦收納配件1

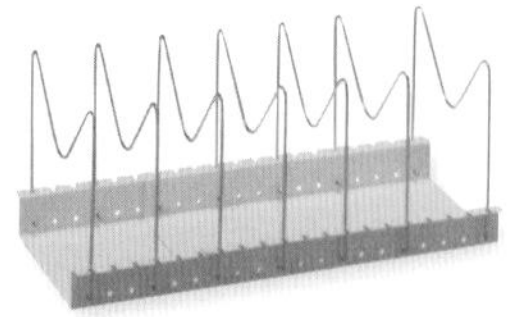

用來立起平底鍋、調理盆及鍋蓋的伸縮型立架（Belca）。

找出廚房裡「令人厭煩之處」

「你的理想廚房是什麼模樣？」聽到這個問題，其實很少有人能夠滔滔不絕地說出「想要能有效率地下廚、方便清理、清爽又時尚的廚房！」之類的回答。大部分的想法都是「每天都會使用廚房，但老是有種莫名不清爽的感覺」、「雖然感到不方便，但不知道問題出在哪裡」。歸根究柢，「什麼叫『有效率地下廚』？」、「『清爽又時尚』是什麼意思？」正因為對這些概念模糊不清，以致於沒有現實感。

當然，你可以選擇想像「理想廚房」的樣子，但我想先**請大家試著反向思考「不方便的廚房」有哪些缺點**。無論是多麼瑣碎的小事都無所謂，只要你在下廚時曾感到「不悅」、「麻煩」、「煩躁」，千萬別忽視你的感受，請立即停下手邊的事。你的問題也許是「必須彎下腰才能拿到平底鍋覺得好累」、「要拿出重疊的調理盆很麻煩」、或是「想拿的盤子上面疊著其他盤子不好拿取」等等。

我做家事時，只要腦中一浮現「好麻煩」、「真討厭」的感覺，我就會馬上停下手邊動作，正視問題根源。仔細思考「我為什麼會感到煩躁」，然後試著改善缺點，一點一滴建構起現在的舒適環境。

推薦
收納配件
2

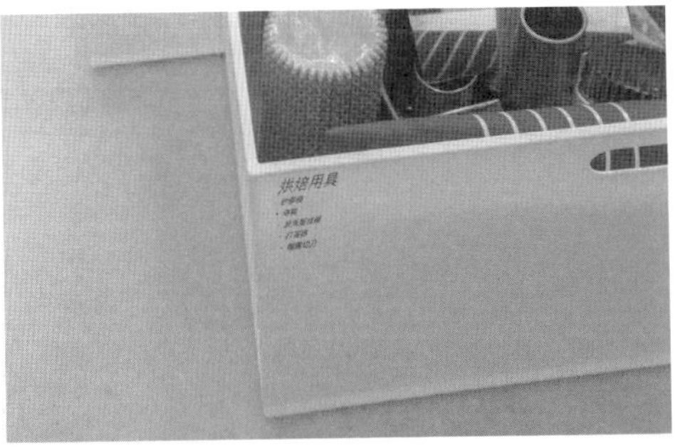

利用標籤將烘焙用具的品項標示在收納盒上，除了方便拿取，也有助於收納。比起手寫，我認為機械列印的文字更精美，也更能促進使用者「物歸原位」的動力。

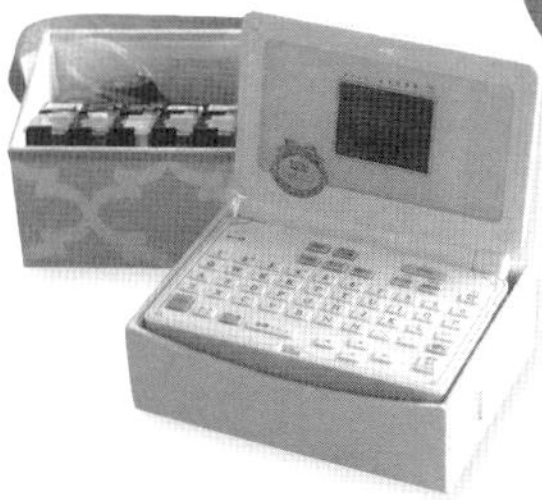

標籤機
（KING JIM GIRLY TEPRA）

舉例來說：

・屋主之前是以重疊方式收納調理盆，每次要使用時都無法直接拿出想要的尺寸，總是為此感到煩躁。於是我替他們減少調理盆的數量，並且改成垂直收納。（超大調理盆先移動到其他地方，如果一整年都沒有用到就選擇捨棄。）

・屋主每次要拿取抽屜裡的長筷或鍋鏟，都會卡到其他物品，令人生氣，因此我也將它們改成直立擺放。由於抽屜深度無法垂直放入原本的長湯勺，所以另外購買合適長度的湯勺來替代。

・原本的保鮮盒混雜著各種品牌，由於顏色、尺寸、形狀都不一致，衍生出「浪費冰箱空間」、「不好收納」、「不方便使用」的三重痛苦，所以我選擇全部汰換，改成大中小都是相同品牌的保存容器。

廚房是每天都會進出好幾次的地方，只要改善「令人厭煩的缺點」，你就能打造出舒適的廚房！當你在整理廚房的過程中學會箇中訣竅後，可以試著進一步矯正整個住家中「令人厭煩的缺點」。每成功改善一個地方，你就離理想中的舒適生活環境更接近，連帶加速你想改善其它缺陷的決心。

馬克杯和其他杯子的數量遠超過家庭人數，還有一些並沒有在使用。保存東西用的瓶子也混在杯子的分類裡。

盤子、碗、湯匙等物品雖然都收在抽屜裡，但是同一個抽屜卻有各種不同用途的餐具，看起來很不方便取用。

擺不下的器皿只好直立擺放，感覺很危險。不同類型的盤子上下重疊，要拿取下面的就得先移開上面的東西，非常費事。

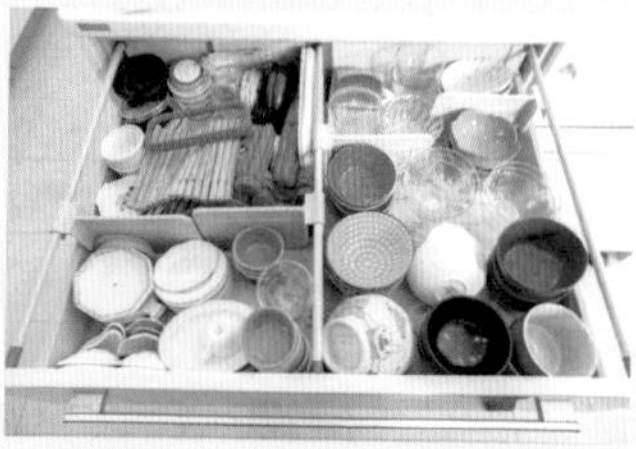

抽屜裡面不止有玻璃、陶器、塑膠等材質各異的器皿，甚至有隔熱墊等廚房配件，呈現「隨手亂放」的狀態。

這個餐具櫃完全看不出來裡面放了些什麼東西，基本上只能拿到最前面的東西。縱使有偌大的空間，也只是無用的收納。

將分散各處的碗盤餐具都拿出來進行分類

結果出現超乎想像的驚人數量！

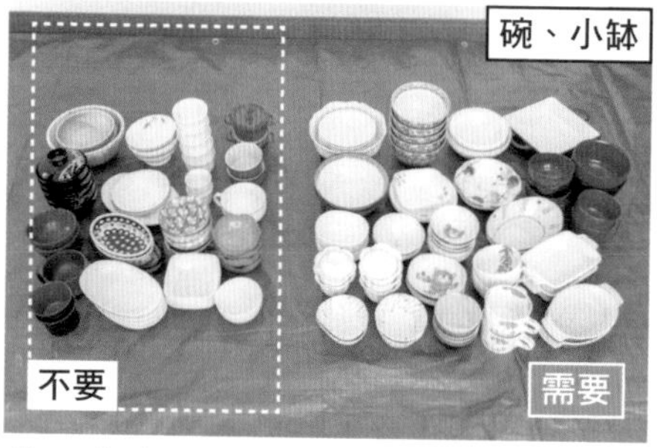

將取出的大小碗、小缽等依種類集中整理後，發現有很多相同用途的餐碗和烤皿。如果分散收納，你永遠不會知道自己持有重複的東西。

拿出所有杯子，依喜好程度及平常是否會使用作為標準進行篩選，結果發現要捨棄的杯子比想留下來的還多。整理時務必仔細篩選每個品項。

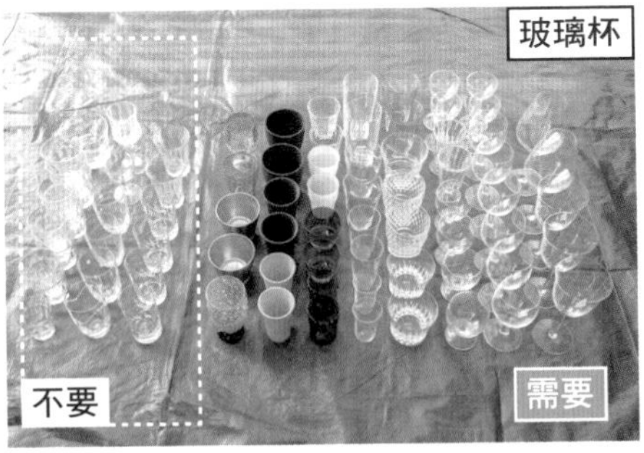

不必持有多個同高度與類似形狀的杯子。大概各保留幾個日常使用杯、酒杯與特殊風格杯就夠了。不用特別區分訪客專用杯，平常都可以拿來使用。

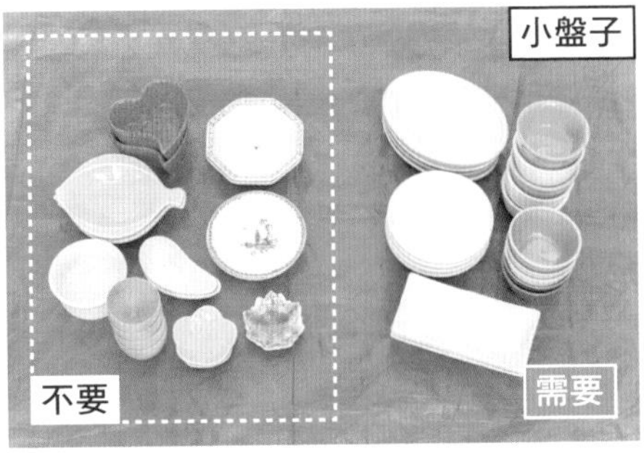

造型可愛的小型餐具雖然很有存在感，但用途有限，使用上很不方便。相較之下，簡單造型的餐具更好搭配，且不限用途，常常能派上用場。

我選擇淘汰數量只有單個的大盤和小盤，以及不成對的玻璃製品。但如果是自己喜愛且使用頻率高的東西，即使只有一個也可以留下來使用。

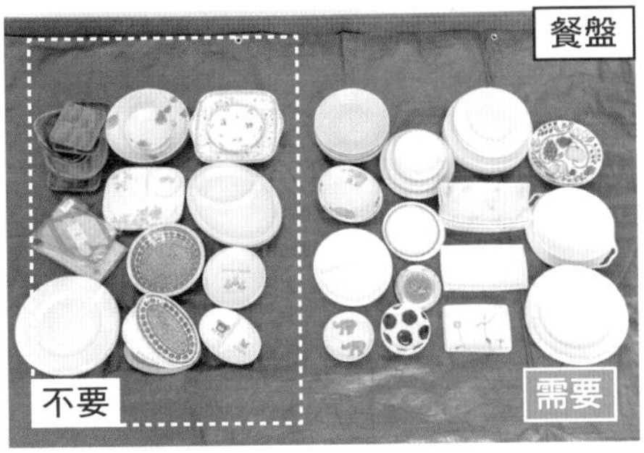

以使用便利性來篩選。剔除形狀特殊、圖案花俏的餐盤，只留下簡單風格、看起來方便保養的盤子。

請仔細查看持有物！

由於我們每天都會看見餐具，即便沒有使用它們，只要存在那裡，我們就會誤以為好像有用到。所以請你把所有餐器都拿出來，以精選一軍成員的標準去仔細查看。

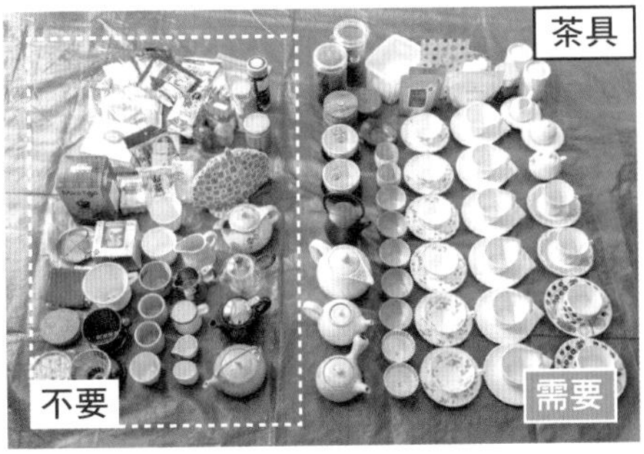

許多和茶具收在一起的茶包都已超過保存期限，實在太浪費了。請把有保存期限的物品放在容易拿取的地方。

你想不想在日常盡情使用喜歡的餐具，享受心靈富足的生活呢？

B案例住家的餐具數量多到連屋主本人都覺得超乎想像。雖然屋主的理由是家裡經常有客人來訪，但是我找出不少屋主「很久沒看到」的餐具，這其實是相當嚴重的情況。

這些沒有在使用，或者是偶爾才會用到的餐具，為什麼使用頻率這麼低呢？如果是因為拿取不方便，那就改變收納方式。若是害怕用壞而不敢使用的珍藏品，依舊要拿出來小心地使用，畢竟**物品要實際使用才有價值。拿來用不是一種浪費，「不用才是浪費」。一直閒置不用，等同於「囤積」**。就算在使用過程中不小心毀損了，它仍在這段期間帶給你心靈上的滿足，完成它這一生的使命。

收在箱子裡的餐具為什麼不拿出來使用呢？是因為「在等待使用時機」、「不符合喜好」，還是「想等小孩獨立生活時送給他」呢？在等待使用時機的人，請現在立刻把東西從箱子裡拿出來使用。如果是不符合喜好，就讓它回收再利用，送給願意使用它的人。

若是你家不像B案例一樣常有客人到訪，就不用替不知何時才會上門的客人保留餐具，將高級餐具拿來跟家人一起使用吧。用餐不只

紀念品可運用在其他地方

我把有紀念性質的杯子拿來裝烘焙用品的小配件，再一起直立放在收納盒裡。與其收起來不用，把充滿回憶的紀念品轉作其他用途，也能增加看見它的次數。

要不要把孩子在幼稚園時期製作的馬克杯拿來當成筆筒二次使用呢？沒有人規定東西叫馬克杯就不能有其他用途，對吧！

是在品嚐舌尖上的美味，也包含視覺上的享受。僅僅是更換餐具，就能改變原本稀鬆平常的料理味道與餐桌的氣氛。**比起客人，你要更重視自己與家人。**拿出那些珍藏在櫃子裡的餐具，重新審視自己到底想不想使用它們吧。

需要重新審視的餐具（請決定要從今天開始使用，或者是拿去回收再利用）

・裝在箱子裡的婚禮小物，或是朋友贈送的餐具
・沒有在用，或是偶爾才會拿來使用的餐具
・預留給訪客用的餐具

正因為喜歡才盡情使用！

你想不想在日常使用喜愛的餐具，享受心靈富足的生活呢？

聽說我們體會美味感的順序是從眼睛（視覺）開始，再到香味（嗅覺）、味道（味覺）。更換餐具可以改變「外觀」，讓料理變得比平時更加美味。

統一材質和種類

餐具櫃最上層抽屜集中收納玻璃材質和有花紋的餐盤，並個別分類，畫面清爽又能一目瞭然。此外，統一形狀與尺寸也能減少空間浪費，增加收納量。

上下層抽屜所收納的器皿依照使用頻率來排列

相對於第一層抽屜專門收納淺色（玻璃）與小尺寸餐具，下層則是放置大尺寸跟使用頻率較低的餐具。雖說兩者只是上下層之分，但若能完美配合使用習慣，僅僅一層的差距也不容小覷。

每天都會使用的餐具擺在最佳位置

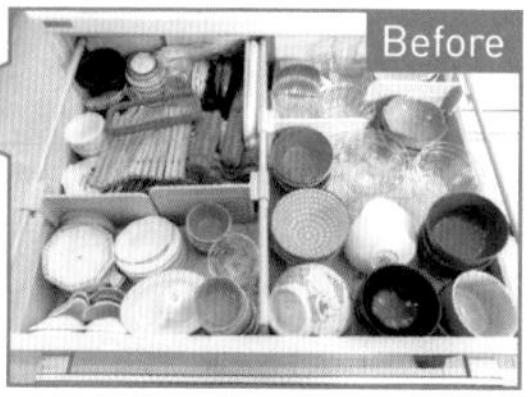

位於廚房中央的中島櫃上層抽屜，收納著每天會多次使用的餐碗與分裝小盤。拿掉抽屜原本的附屬隔板，提升收納的自由度與容納量。

「飲用類」餐具集中擺放

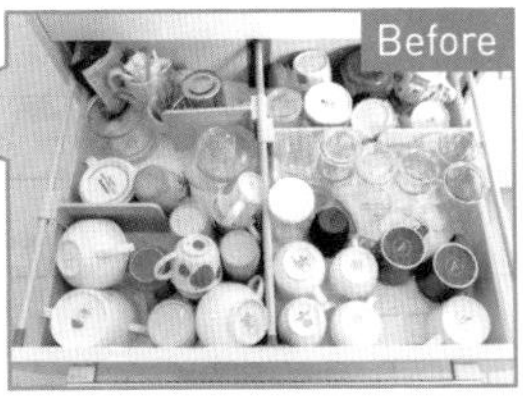

把正對瓦斯爐的抽屜用來專門收納日常「飲用類」餐具。左邊放馬克杯和茶碗，右邊則是湯碗、茶壺、泡茶配件等相關用品。

玻璃杯和茶具以前後擺放方式收納

側邊的餐具櫃則是以「前後擺放」方式收納西式茶杯、茶盤以及其他茶具。「前後擺放法」指的是類似超市陳列商品的手法，拿取最前面的東西後，後面仍是相同的物品。

易碎的葡萄酒杯創意收納法

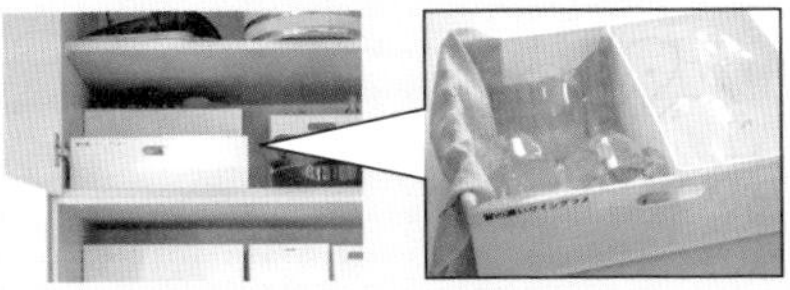

葡萄酒杯高度較高，不方便直立擺放，而且材質容易碰損，需要小心收納。我看過一些人會直接收在盒子裡，但是那樣不方便拿取，建議還是使用收納盒比較好。（請參閱第 68 頁）

按照「用途」「材質」「顏色」「風格」來分類

把碗盤、杯子等收進餐具櫃前，要先統整各自的「用途」、「材質」、「顏色」及「風格」，再做適當分類。

例如收納玻璃杯時，不要將透明的葡萄酒杯與帶有顏色的切子雕刻玻璃杯放在同一層。雖然一般都會把葡萄酒杯和雕刻玻璃杯以相同用途（飲用）及材質（玻璃）分類在同一個類別，但是在透明的葡萄酒杯中摻雜有顏色的杯子會影響整體畫面的清爽感，因此，我選擇把雕刻玻璃杯歸類到相同風格（日式）與用途（飲用）的類別裡。與相似顏色的飲用類餐具一起收納，可兼顧使用習慣與整齊的外觀。

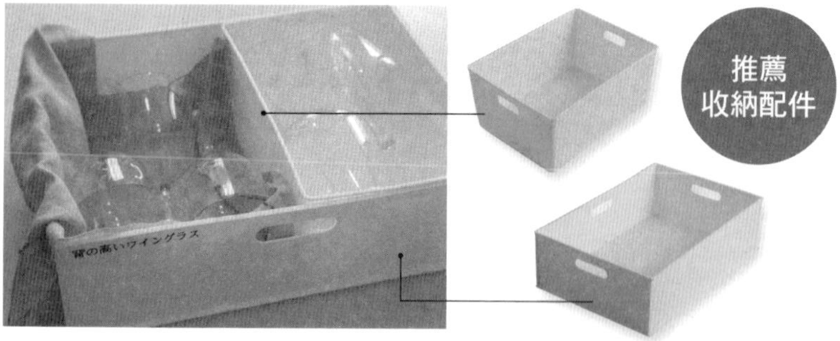

透過自由組合，發揮最大效益的收納盒使用方式

大收納盒是宜得利的半格型 N INBOX 系列產品，能夠完美收在其中的則是 Seria 推出的 L 號直線型收納盒。透過兩者的組合，將寬闊的收納區域分割成兩個應用空間。

葡萄酒高腳杯與大盤子是廚房收納的常見難題

你家中是否有一兩個高度特別高的葡萄酒高腳杯呢？也許不是自己買的而是朋友贈送的玻璃製禮品。因為偶爾還是會用到，所以無法割捨，暫時想保留下來。可是收納時又會碰到它與其他杯子高度不合，必須為了高腳杯特地調整層板的問題……

如果你家有五六個高腳杯，建議就調整隔板來配合收納。就算只有一兩個而已，調整隔板高度仍是最好的做法，不過若會因此影響到其他餐具的收納，那不妨改為平放吧。**只有一兩個高腳杯的話，將它們平放在盒子裡也是一種不錯的收納方式，但前提是平常使用頻率並不高。**

改成平放能有效利用空間，解決現實情況中無法直立擺放的困境。採取平放方式時要儘量挑選剛好符合杯子大小的收納盒，並於盒子底部鋪一層毛巾或擦拭巾。絕對不能在開關抽屜時，聽到高腳杯在收納盒裡滾動的聲音。除此之外，為以防杯子本身在拿取過程互相碰撞，請拿柔軟的布個別包裹起來，分別平放（不可重疊）。

「數量只有一個的大型盤子要怎麼收納比較好？」經常有人針對廚房收納向我提出這個問題。你家也有大盤子嗎？平常你會使用它嗎？

NG Point

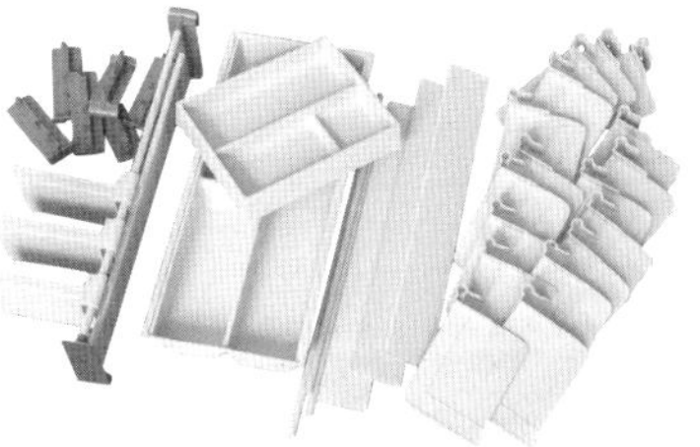

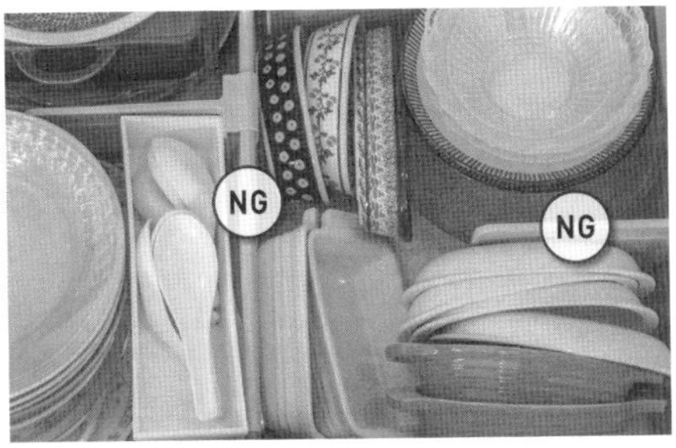

原始配備的隔板看似便利，其實很不好用！

拆掉系統廚房原始配備的隔板與收納盤吧！若乖乖按照原始分割的區域收納，不僅無法將東西收在想放的地方，還會無端浪費空間，侷限收納容量。

我家以前曾有兩個花紋和尺寸都不同的大盤子。之前搬到現在的住處時也有一起帶過來，可是後來發現我並不喜歡它們，也沒有足夠的收納空間，更何況平常根本不會使用，在這三層考量之下，我決定割捨掉它們。

過去我之所以明明沒有在使用卻還長期持有它們，是因為我以為「家裡一定要有大盤子」。受到「一般家庭都要有大盤子」的刻板想法影響，默默地保留多年。以前會頻繁使用，所以還算是必備品，並沒有對持有它這件事感到任何疑惑，但後來一直沒在使用了，大盤子既佔空間又不方便收納，而且也放不進洗碗機……深入分析各種缺點後，我得到「**持有大盤子沒有意義**」的結論，果斷地捨棄它。

若是喜歡煮一大盤料理的大家庭，沒有大盤子自然會很困擾，但我家是採用個人配餐的方式，大盤子很少有出場機會。比起上面繪有圖案、不符合餐桌風格的大盤子，改用兩三個風格相互搭配的小盤子來分裝料理更適合我家。我的老家也有大盤子，因此過去的我一直不疑有他，認為它是必備品，但是經過分析每一項物品與自己的關係後，我察覺它們是「**現在的我不需要的東西**」。

我們的廚房收納經常是在模仿父母的做法，所以一定要想清楚這樣做究竟合不合乎目前的生活風格，再決定要不要保留物品。

搞不清楚內容物有什麼的雜亂抽屜

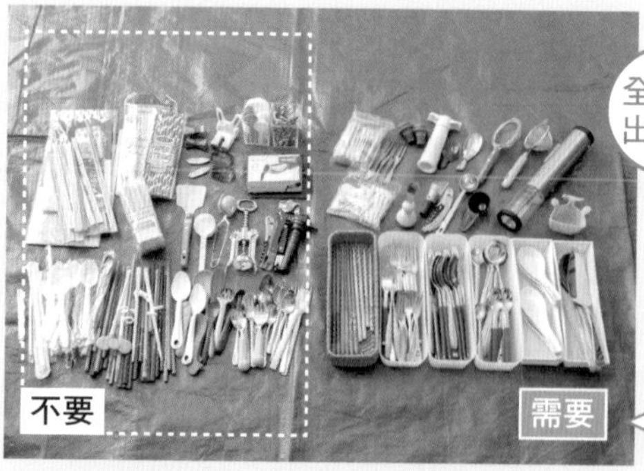

全部取出清點

把廚房裡到處可見的筷子、免洗筷、刀叉、湯匙等拿出來集中檢視。有尚未開封的新品就拿來使用，淘汰不成對的老舊餐具。

湯匙、叉子等餐具與廚房用品交雜的混亂空間。

就算麻煩也要全部拿出來確實分類

全部取出清點

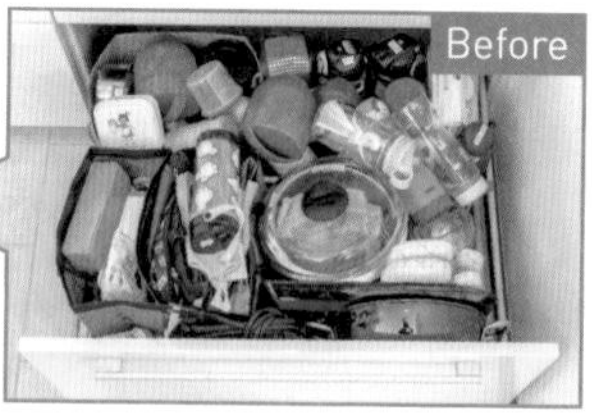

不知道哪些東西收在哪裡的餐具櫃。隨手亂塞並不叫收納。

將抽屜及櫥櫃裡的內容物全部拿出來分門別類。透過按種類分開（便當盒類、水壺類、托盤類等等）個別查看物品的方式，明確找出覺得好用或符合喜好的東西，篩選出需要割捨的物品。

用來劃分區域的萬用收納盤

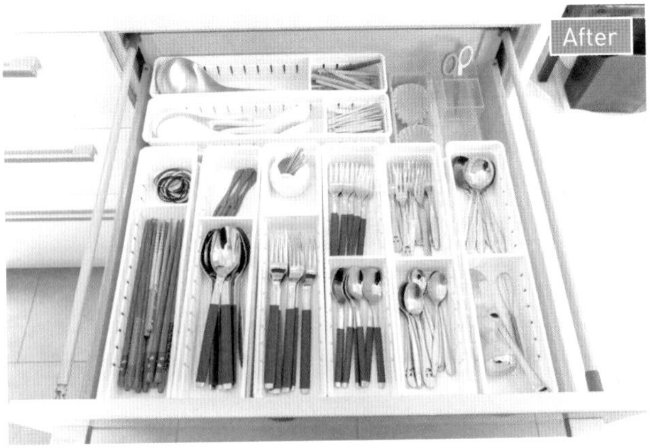

屋主原本用各種不同的收納盤來分類餐具，我統一改成日系百圓商店販售的重疊式廚房收納盤，它可以雙層使用，增加收納容量。

深抽屜也是利用收納盒分區整理

因為抽屜空間很大，東西隨隨便便都能放進去，抽屜才會堆滿各種物品。遇到大空間就用收納盒來劃分區域，依物品類別來分組收納。

非當季會用到的水壺、低使用頻率的烤肉組合都放進收納盒，收在餐具櫃的最上層。

托盤的滿分收納術

直立擺放托盤是最理想的收納方式，如果空間不夠，也可以放入收納盒，打造成抽屜模式。

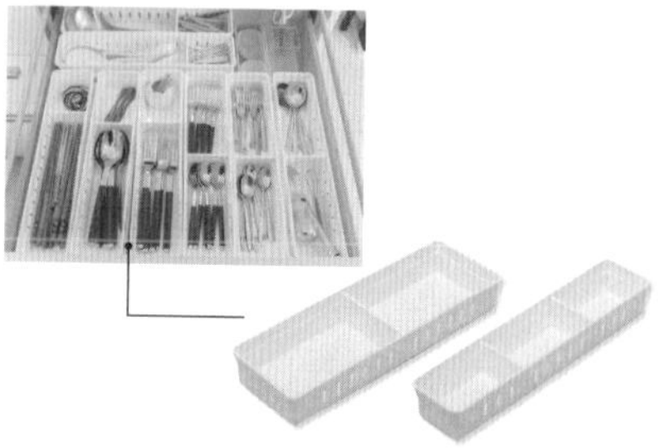

重疊使用廚房收納盤的技巧

若要重疊使用，請先拿剪刀將下方收納盤的分隔板剪到與上下疊放的溝槽位置齊平，這樣重疊使用時就能保持穩定。

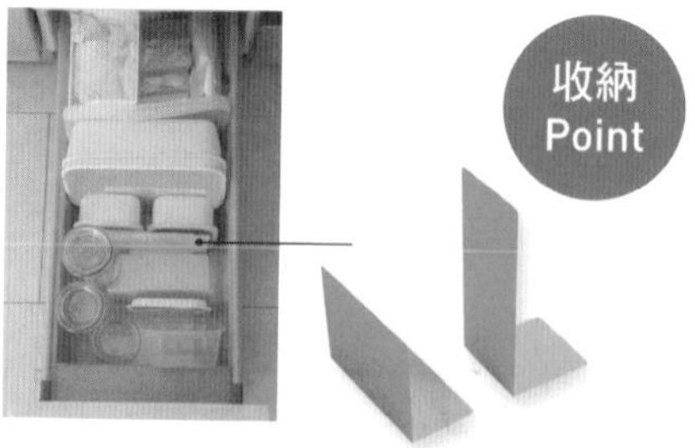

書擋是區隔及豎立物品的模範生

在狹窄的抽屜等空間內，建議拿書擋來劃分區域，勝過於使用收納盒。我在此處將保存容器的本體與蓋子分開直立收納。記得要挑選L型的書擋，靈活運用長面與短面。

成功減少物品後 保持「不買、不增、不收」的原則

如果不改變過往的生活習慣，就算你再努力減少家中雜物，之後也會再度增多。保持廚房不增加雜物的三大訣竅是：**①設定購物時的自我規定。②別一聽到「特價」、「買到賺到」、「福袋」等關鍵字就淪陷。③鼓起勇氣拒絕贈品與品牌宣傳品。**

由於採購食品與消耗品是生活的例行公事，我們會時常浮現「總會用到」、「總會用完」的主觀想法，不知不覺就掏錢購買，導致家裡東西愈堆愈多。請選出你愛用的品牌吧！我在前面說過，若能堅持使用「對自己而言最好的東西＝愛用品」，你就不會再花心思購買其他牌子，也不會因使用不習慣的產品而感到有壓力。

備用品數以「一備用一使用」為原則是最理想的狀態。許多人因為認為「這些東西一定會用到」而傾向選擇大量的消耗品，最後卻為了該怎麼收納這些東西而陷入煩惱。即便是會慢慢減少的物品，也不能採取會影響到日常生活的購物方式。避難糧食也不例外，若你一直不去使用或是儘快食用完畢，就算東西沒有過期，品質也會逐漸變差。持有並非壞事，但也要考慮數量與消耗方式。雖說儲備避難糧食是個不錯的做法，但最好的方式仍是以「滾動式儲

NG Point

放在地板的重物

沉重的瓶子或根菜類蔬菜請不要放在地上。食品最好收在陰涼處。地上沒有雜物，不但方便打掃，看起來也很清爽，更有助於防災或減少損害。

堆積如山的說明書

不用保留調理器具的說明書。如果真的想留下內容，就用手機拍照記錄後丟棄。

不一致的收納用品

在大創這類的折扣商店，的確能買到種類豐富的收納用品，但若每次都是買來應急充數的話，會給人雜亂不堪的印象。以後請購買固定的愛用品牌。

備法」來購買符合家人習慣的食品。

另外請堅守原則，不要輸給「買到賺到」的錯覺。每當看見「買十送一」、「買千折百」等銷售話術時，即便是你的愛用品，也要先想想家中是否還有空間。說不定在你用完之前，廠商又會推出改良版。還有像是「福袋」，有些的確會明列內容物，但你不一定需要那裡面的所有東西。有的人會說「我可以拿去轉賣啊！」但如果賣不掉，就只是垃圾而已。別為了貪小便宜反而花了冤枉錢，有時從一開始就堅持購買最喜歡的物品才是真正賺到便宜。

一些免費贈品或回禮都會寫著「薄禮」兩個字，物如其名，它們只是「不值多少錢的物品」。即便是高級贈品，如果不符合你的喜好，仍然等同是「不值錢之物」。未經三思就將東西帶回家中，反而會因為「這是當時收到的回禮」、「這是珍貴的○○開幕紀念品」的想法，使得這些東西價值大增，變得難以割捨。若一開始能堅定拒絕，就不會有之後的煩惱與困擾。**面對持有物，請你以自己為中心來思考，保持「一貫的乾淨作風」**。

※滾動式儲備糧食（Rolling Stock）
是一種日常生活儲備食物的思考方式。平常事先多買一些食材和加工食品，用完了就補充新的，隨時在家中保持一定數量的食物。

B案例的廚房整理收納，順利完成！

在垂直空間劃分區域靠層板，抽屜就靠收納盒！

右邊的廚房家電區原本是用前後擺放法，導致放在後面的電器根本無法使用。因此我調整餐具櫃的層板高度，讓電器能夠左右平行擺放，減少拿取上的麻煩。而左邊櫃子裡，茶具與盤子各放一層，便於隨時取用。

較輕的物品會在開關抽屜時產生位移，需要用收納盒來固定位置。至於盤子類有重量的東西並不會亂動，所以不需要特別區隔。

餐具櫃

中島櫃

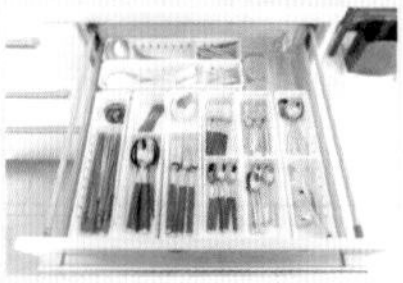

筷子、叉子、湯匙類餐具各自收在收納盤上的專用位置，實現無壓力的餐具收納法。

收納時考慮行動路線，縮短家事時間！

考慮家事動線，將餐具、盤子、飯碗等日常會用到的東西，收在洗碗機對面的中島櫃抽屜裡。只要轉身就能拿取或放回，可縮短做家事的時間！

不需要的東西居然有這麼多！

經檢查後確定是過期與不再使用的物品。

用起來不順手的調理器具，跟不符合當下生活型態的東西統統捨棄。

料理檯與瓦斯爐前面保持淨空是最理想的狀態。有寬敞的做事空間能促進下廚的流暢性。

調味料與調理器具集中放在瓦斯爐旁邊

調味料收在瓦斯爐旁邊，便於隨時拿取，並且全部貼上標籤，方便一眼看出內容物。原本橫放的湯勺及鍋鏟會在拿取時卡到其他物品，改為直立收納就能從上方立即取用。

善用長型收納盒整理零散的工具

水槽四周最需要保持整潔。整理時先篩選物品，避免東西散亂在外。然後把會在用水處使用的篩網、調理盆、鍋子、量杯、瀝水網、刨絲器等物品皆收納在水槽下方。利用長型收納盒來整理零散的調理配件，還有夾鏈袋與科技海綿也都直立放進去。

夾鏈袋等物品都收進長型收納盒。我使用的收納盒是Seria販售的細長直立型DC Container。

B案例屋主的感想

廚房變得一如憧憬中的美麗簡潔！

結束整理收納後，廚房裡現在只保有最低限度的必要物品，我變得非常清楚哪些東西放置在什麼地方，也讓人想持續維持廚房的整潔感，有了便利的收納，做家事的效率也提升了。

紗代老師打破了我原本以為只要把東西收進抽屜或櫃子裡就好的舊觀念，原本混亂的大量雜物變成「僅此唯一」，讓我更能珍惜地愛用它們。而像是平底鍋及調理盆改成直立收納後，也變得非常好拿好收，自己比以前更喜歡下廚。簡潔的收納不僅帶給我好心情，連家人也都一同體會到了生活的清爽感。

C案例

家庭成員：丈夫（40幾歲）、妻子（40幾歲）、四名子女（高中生、小學生、幼稚園生）

Question
煩惱

❶ 不會收納紙類品

❷ 文件丟得到處都是，無法好好管理

❸ 捨不得丟掉傳單跟優惠券

❹ 客廳內原始配備的收納區太小，不好使用

❺ 客廳裡有兩個收納傢俱佔用生活空間

我家有四個小孩，家裡經常堆積著他們每天帶回家的作業、考試卷，屋內也有許多補習班、才藝班、小學的通知單以及郵寄信件等紙類品。雖然我有大致分類，但不知道做法是否正確。而且也捨不得丟掉各種DM或附贈的優惠券，想知道有什麼更好的收納方法。

我家客廳還有兩個大型收納傢俱，卻無法好好活用。佔空間的傢俱反而讓打掃變得麻煩，東西往往才剛收好就又亂成一片，令人非常煩躁。即使有規劃收納區，也無法決定固定的擺放位置。因為平時需要上班，實在不想讓收拾工作佔據生活，希望能把家事時間變成家庭交流與放鬆身心的時間。

Answer

解決法

❶ 打造有系統性的紙類分類規則

❷ 改變紙類的固定擺放地點

❸ 認清優惠券只是讓人為買而買

❹ 學習適合小空間的收納法

❺ 覺得傢俱不方便使用就考慮割捨

家庭人數一多，每天自然有許多紙類品會進入家中。以固定位置來收納孩子的相關信件是正確的決定，只不過做法有點可惜。我發現更遺憾的是，有許多紙類品被視為「待會再看」、「先暫時放著」，結果拖延到判斷時機。對於一名職業婦女來說，之後還要花時間檢視哪些紙類需要丟棄的做法，著實沒有任何益處。我建議大家先訂好紙類品是否要保留的收納原則，打造一套屬於自己的文件分類系統。此外，你有愈多的收納空間不代表愈會收拾。把經過篩選的物品放到合適的位置，這才叫收納。即使是小空間，也有適合小空間的收納法，基本上只要東西不多，一定都能整潔地收拾乾淨。

A 因為物品沒有固定的收納位置，才會造成隨手亂丟的亂象！

右邊照片裡的ⓐ和ⓓ收納櫃當初是與電視櫃一起購入的。原本是放在客廳，後來為了增加客廳空間而移到飯廳。但是飯廳原先也有小推車與收納櫃設計，不知不覺屋裡便到處充斥著收納傢俱。

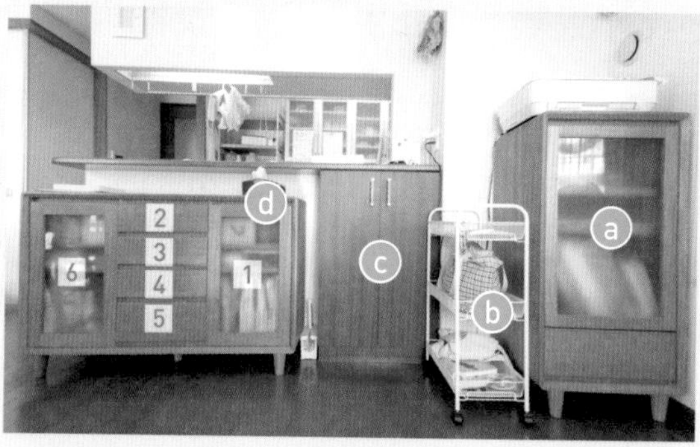

ⓐ和ⓒ原本是用來收納紙類文件，後來屋主嫌每次都要打開櫃門太麻煩，裡面漸漸變得空蕩蕩。而不需要開關櫃門，隨手就能放東西的ⓑ推車，則是無所不包，化身成雜亂無章的物品堆置區。

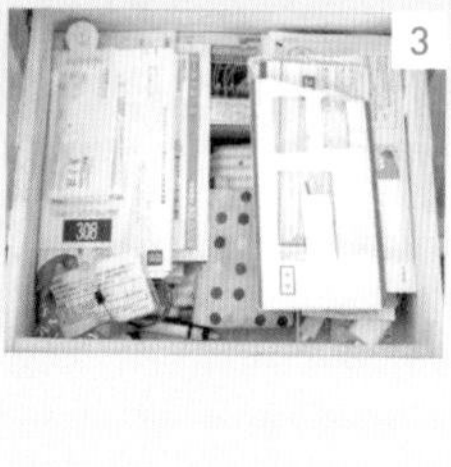

櫃子裡塞滿紙類文件、文具、家人的各種小雜物。由於物品沒有專屬位置，許多地方不僅雜亂且無法使用。

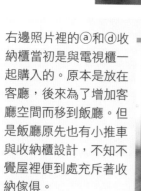

B 廚房櫃子與抽屜裡到處都是藥品！

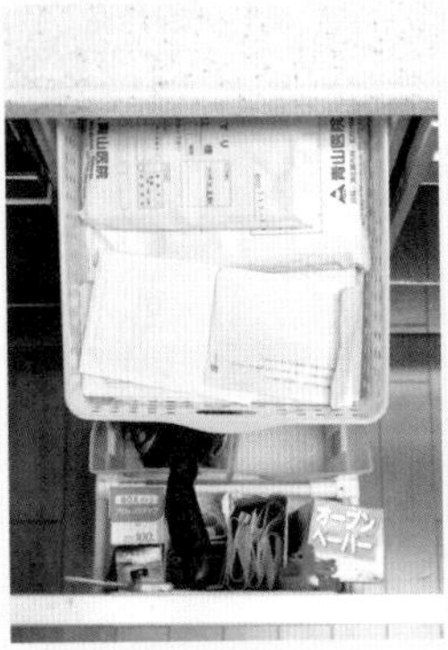

家裡有六人份的藥品，考慮到取用的方便度，不使用醫藥箱，而是收在廚房的抽屜。可是藥品的種類與數量不斷增加，最後分散在廚房各個櫃子與抽屜中，甚至有不知道放多久的藥。

不需要的藥品及空盒

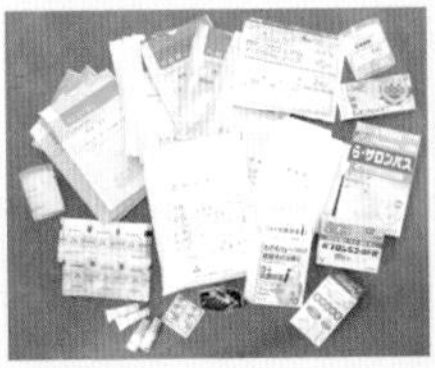

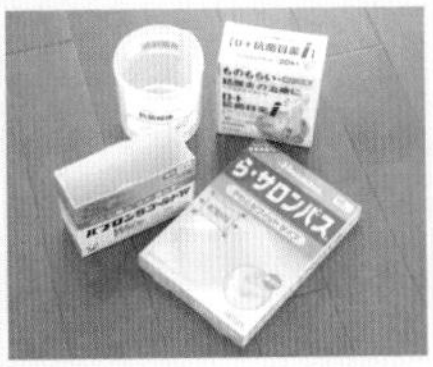

超過使用期限與好幾年未使用的藥品皆處理掉。並把一些笨重感的外盒也丟掉，只留下內容物，整體變得更清爽。

C 本來是常用的紙類文件管理區……

廚房的收納櫃原本是用來管理學校的通知文件等使用頻率較高的紙類品。但不知從何時開始，裡面不止放了文件，還有信件與優惠券，變成亂放一通的「萬物堆置區」。收納盒也是未經思考就購買，缺乏統一感。

從 c 跟 d 裡面清出來的廢棄物

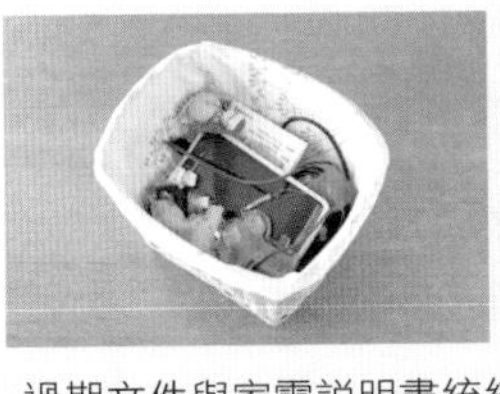

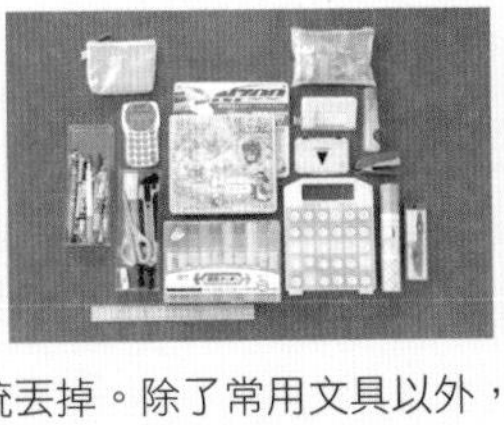

過期文件與家電説明書統統丟掉。除了常用文具以外，其他也直接清理掉。實在捨不得丟掉的小東西暫且放在「回憶紀念品箱」，之後再一併整理。

飯廳不知不覺就變成堆滿物品的家庭公共空間，只挑選出「現在會用、展現自我風格的物品」吧！

飯廳（客廳）是家庭的共用區，自然會積聚許多物品。但那些真的都是必要品嗎？如果盤點一番，應該出乎意料會發現有很多下列物品喔！請先看看你目前的所有物到底都是些什麼東西吧。

應該馬上捨棄的物品

- 不知道要用在哪裡的螺絲釘
- 多餘的線材
- 沒有墨水的原子筆
- 不曉得何時購買的老舊電池
- 過期的DM與傳單

- 超過使用期限的藥品
- 沒有在使用的健康用品
- 以前的商品小冊子
- 老舊雜誌

需要重新檢查的物品

- 大量的筆類
- 大量的膠帶類
- 大量的便條紙跟筆記本
- 重複的掏耳棒、指甲剪、體溫計（每項只需要有一個）

NG Point 1

需要進一步整頓的收納

雖然屋主有用籃子分類，但東西無法馬上取用。若是線材類，需要貼上標籤，清楚標示出是哪些電器的電線，方便隨拿隨用，這樣才是收納。

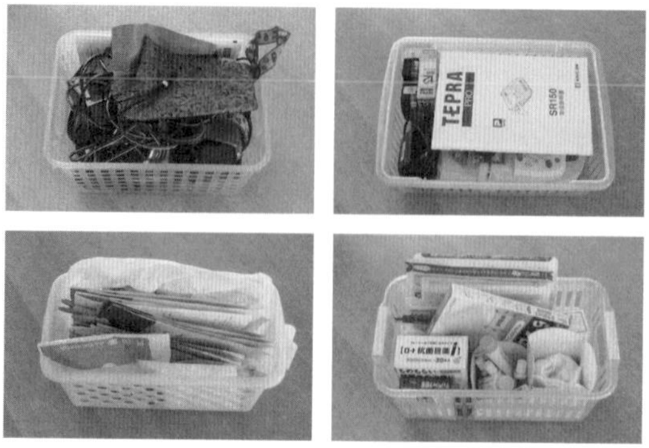

NG Point 2

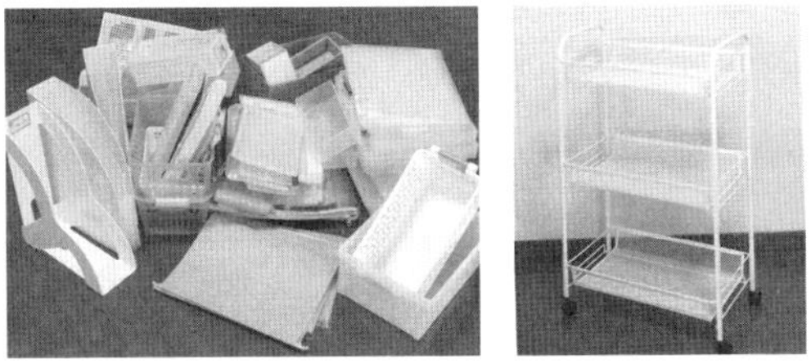

購買收納用品來整理大量雜物，並不會使東西減少。收納用品是用來讓「精簡數量後」的東西更方便使用，請務必記得，雜物不會因為你有收納用品就變少。

家中的便條紙、筆記本、各式各樣的筆……都是你自己購買的嗎？裡面是否包含企業宣傳品，或是家人不知道從哪裡帶回來的東西呢？使用上面印有企業名稱或商品名的筆或便條紙，能展現出「你的風格」嗎？

我認為「**持有物是一種自我風格的展現**」，即使是一支筆或一張便條紙，都應該有屬於你的堅持。我的意思不是大家一定要拿時髦高級的東西，而是應該選擇用起來「會令你開心」的物品。筆或便條紙上若印著企業名稱或商品名，每次使用時都會看到它，心情也會跟著變差，因此我從來不用這些東西。雖然這只是小事，但我們如果對每一個小細節都有所堅持，家裡自然只會留下喜愛的物品，不會再胡亂增加雜物。

「別人送的東西只好先保留」、「留下來也許之後會用得到」……這是最常見的狀況。當全家人都有這種想法，家中雜物定然不會減少。**請拋開那些「總有一天」跟「暫時保留」的思考模式，只挑選並留下「現在會用的東西」**。

當我們努力刪減完物品量，並不代表事情就「結束」了。為了往後能繼續維持這樣的生活品質，請你在心裡發誓，**絕對不會再讓「不需要」和「不喜歡」的東西進入家裡！**有了這個誓言，只要你不喜歡，就算遇到別人要贈送宣傳品，你也會產生拒絕的勇氣，告訴對方「自己不需要」、「這份好意心領就好」。這就是「維持簡潔生活」的第一步。

A

依照物品的使用頻率 有效活用 原本就有的傢俱

為了空出流暢的動線，我決定「移走收納傢俱」，只使用深度為 21 公分的原始矮櫃。矮櫃本身位於黃金地帶，因此我篩選出使用頻率最高的物品放在此處，讓它發揮效用。

使用抽屜式的多格收納盒，可完美收納文具雜貨等小東西。（IRIS OHYAMA／多格收納箱）

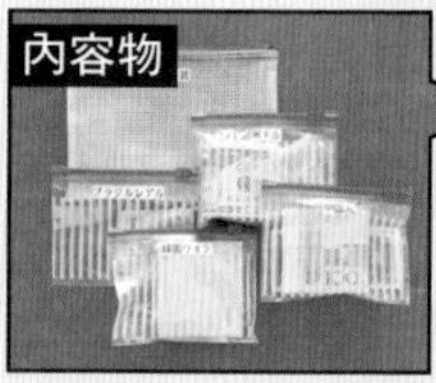

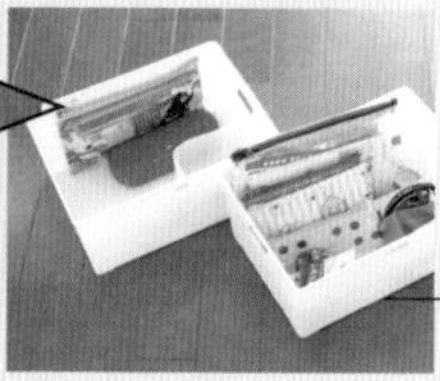

第二層放置屋主夫妻各自的私人用品盒。可以存放信件或讀到一半的書，供他們自由運用。

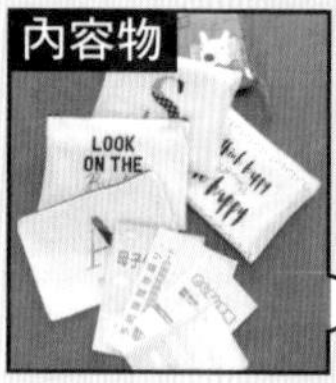

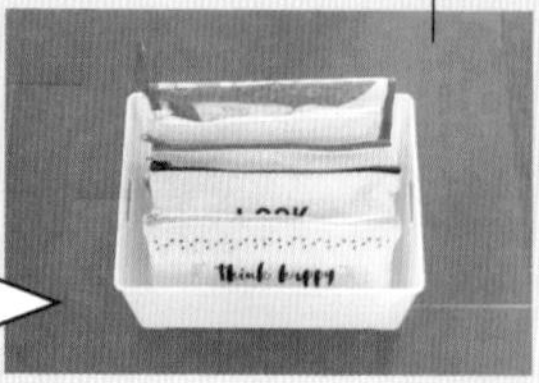

藥品記錄本、疫苗接種單、掛號單等文件分別收進夾鏈袋，要去醫院時只要直接帶走夾鏈袋即可。（大創／英文字母拉鏈袋）

旋轉ㄇ字隔板的方向，再用透明耐震膠墊固定，就能把收納盒放到最上面。（無印良品／壓克力隔板）

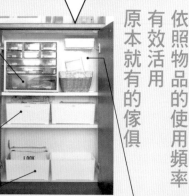

東西放在方便使用的地方才能稱作收納

收納沒有硬性規定，你想將藥品跟文件收在廚房也沒問題。**所謂「實用的收納」，就是要把物品收在使用者會用到的地方，而且是最方便取得的方式。**

以C案例的情況來看，屋主就希望「將孩子每天會吃的藥跟寵物梳子放在廚房」。由於家中有四個孩子，屋主必須分類好每位家庭成員要服用的藥品，因此才想收在停留時間最長的廚房。再加上屋主會在廚房看學校或幼稚園的通知信，便把這些信收在一踏進廚房的地方。有些人也許會認為藥品跟文件應該放在客廳，但是以使用者為優先考量來決定擺放位置，才是幫助自己輕鬆生活的關鍵。

B 藥品收納時已拿掉藥袋 方便直接拿起來服用

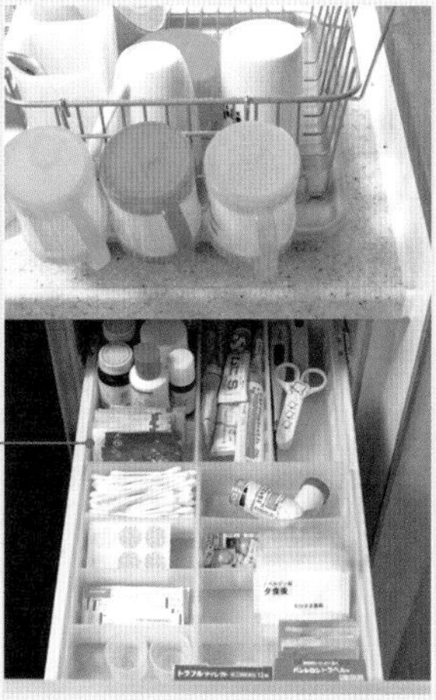

每天需服用的藥品事先拿掉藥袋或外盒，再收進整理盒，就能直接拿取。藥品變得一目瞭然且易於管理。收納位置正好在一踏進廚房的地方，也是孩子們可自行取用的黃金地帶。

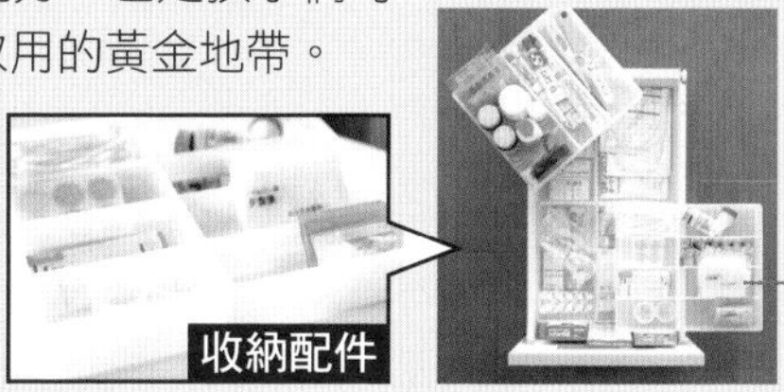

這個收納托盤是無印良品的PP抽屜整理盒。為了避免開關抽屜時會移動，我有用雙面膠先黏住。雖然空間很淺，但可以彼此堆疊，依照使用頻率分成上下層。

C 以使用頻率為考量 來決定文件的收納位置

由於屋主常會收到學校寄來的通知信跟有關金錢及稅金的信件，也會重複閱讀，所以統統收在經常待著的廚房。說明書或保險相關文件則很少使用，因此改放到走廊上的收納區。

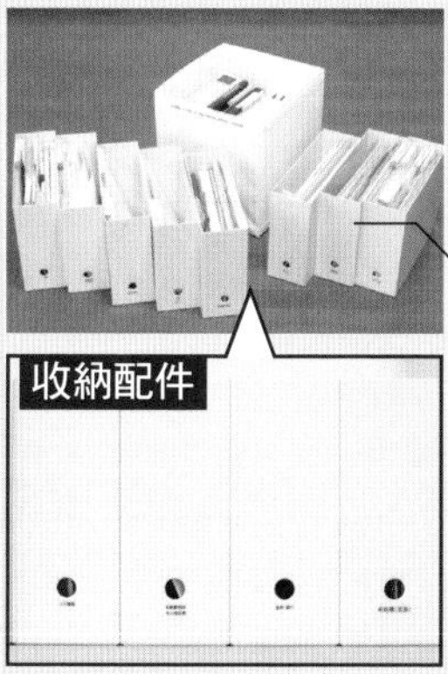

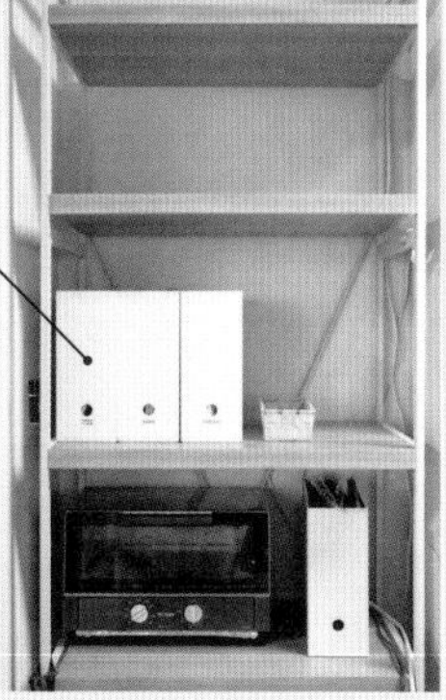

因為家中有四個孩子，經常會帶回許多通知信。因此用資料夾的顏色來分類個別家庭成員的信件，並收納在無印良品的檔案盒中。

經典
收納用品
1

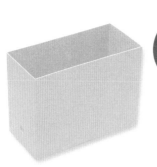

檔案盒除了可以整理紙類文件，還能收納日常用品。尺寸豐富又能疊用，可以在家中發揮巨大功用。（無印良品／PP檔案盒）

你並不是「無法丟棄物品的人」，從今天起成為「有勇氣割捨的人」吧！

整理飯廳與客廳時，總會發現許多捨不得丟掉的東西。例如別人送的伴手禮（筆類或鑰匙圈）、孩子的手寫信、以前的賀年卡……

東西早就被遺忘許久，但久違看見又「捨不得丟」、「無法捨棄」。至今為止，明明「沒有它也不影響生活」，為什麼卻在只看到一眼後便開啟「無法丟棄的開關」呢？

別人送的禮物因為包含他人心意，所以會覺得「丟掉它對不起某某人」。孩子的手寫信則會因「這是孩子難得寫給我的信」而捨不得丟。**這些都是以他人為優先而非自己的思維，因此才無法捨棄物品**。搞不好對方早就忘了這件事呢！

如果無法捨棄的物品並不多，我曾建議大家可以準備一個「紀念品箱」，不過有此傾向的人通常都擁有大量的紀念品，有收集回憶的習慣，並不是區區一個箱子可以解決的。但是，這已經不算有意義的紀念了，而是**「無法捨棄之物的墳場」**。既然過去的你沒有這些東西也無所謂，將來也同樣不會受到影響。請鼓起勇氣試著放手吧！別讓物品控制你，應該由你來支配物品。你才是物品的持有者。

我經常遇到主張「自己無法丟掉東西」，彷彿在自我催眠一般的人。

經典
收納用品
2

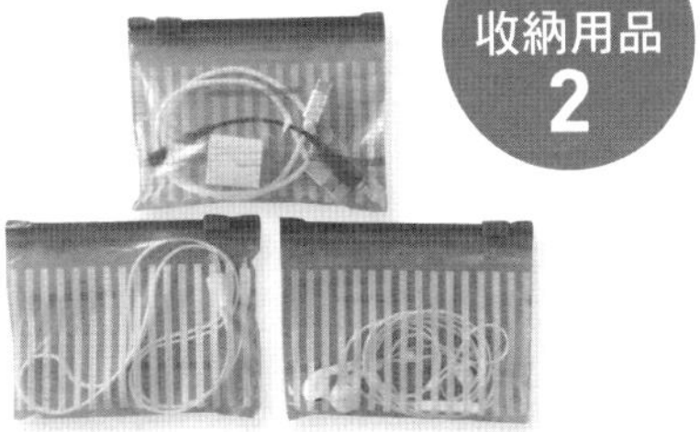

夾鏈袋最適合用來分類雜亂的小東西。可以看見內容物，方便辨別手機充電線、耳機或各種線材。（大創）

經典
收納用品
3

抽屜型多格收納盒有許多小抽屜，又不佔空間，最適合用來整理小型文具與藥品。（IRIS OHYAMA）

其實他們只是在扮演「無法丟棄物品的人」。**你絕對可以揮別「無法丟棄物品的自己」**。即使失去那些東西，你也不會失去自我，反而還能因此確立自我的存在。從今天開始，請盡情地扮演「有勇氣割捨物品」的人吧！

即使不留下實際的回憶品，也能靠拍照或影片來留下紀錄，還能使用掃描器等現代工具將它們電子化。若你總是堅持要留下「實際物品」，家裡必定會堆滿各種回憶品。就算東西不在了，回憶也不會跟著消失。前陣子我在看電視的時候，剛好看到我家大女兒兩三歲時很喜歡的卡通角色，我跟她開心地聊起以前她喜歡那個角色的事，這個插曲令我再次確信「回憶即使不以具體型態存在，也會刻印在人們的心中」。你心中擁有無限大的空間，不要執著於實物，盡情去收集那些情感的本質吧！

這個收納箱原來放在飯廳，裡面裝滿不會拿來使用的紀念筆與小孩的手寫信等等無法捨棄的寶貝。由於屋主平常不會用到，統一改放到走廊上的收納區。

客廳乍看之下很整齊，似乎沒有特別感到困擾的地方……其實仍藏著需要改進的地方。

NG!

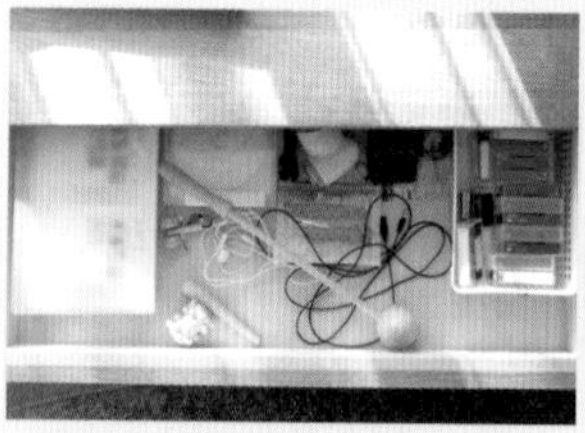

東西隨便亂塞的抽屜

寬淺的抽屜不好使用，裡面塞滿了各式各樣的小東西。

遊戲片等物雜亂收納

雖然選擇收在會玩遊戲的地方是正確做法，但裡面還摻雜其他東西……

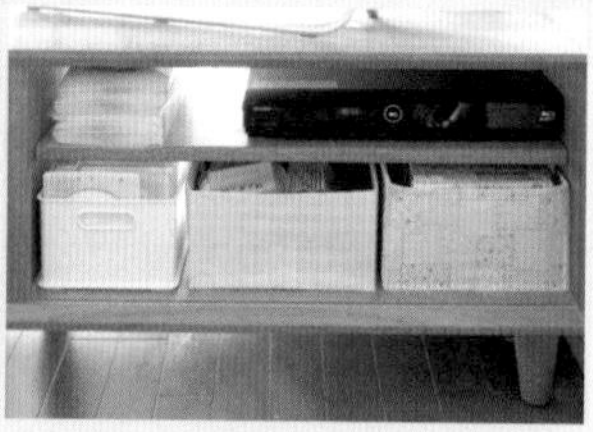

新舊混雜的大量 DVD

收納盒有市售品也有手作品，看起來很雜亂，其中還有很多舊 DVD。

家人聚集的客廳
應隨生活改變汰換物品

客廳相對容易堆積物品，尤其小孩的東西會不斷增加，必須隨著他們的成長，不斷篩選使用品。看似毫無問題的客廳，一拉開抽屜才發現時間靜止在過去。例如孩子們小時候觀看的DVD、已經不再聽的CD……

清出目前不需要的物品就能找回空間，規劃其他收納用途。電視下方其實是最方便「物歸原位」的位置，善用此處便能避免東西亂丟。雖然此屋主是拿來收納主機遊戲產品，但這裡也很適合收納藥品或文具，如果家中有養寵物，也可以選擇放寵物用品。請以現在的生活為優先考量，鼓起勇氣捨棄過往物品吧！

經過整理，能夠收納的東西變多！

外觀看起來沒有太大改變，但提高不少使用上的便利性，也大幅減輕收拾東西的壓力。

收納 Point

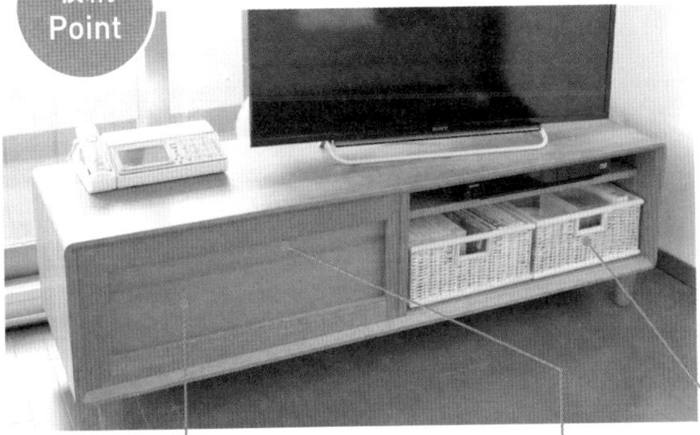

不需要品

處理掉不適合孩子目前年齡的 DVD，以及已轉存成 DVD 的錄影帶。請用「現在」作為標準來篩選小孩的物品。

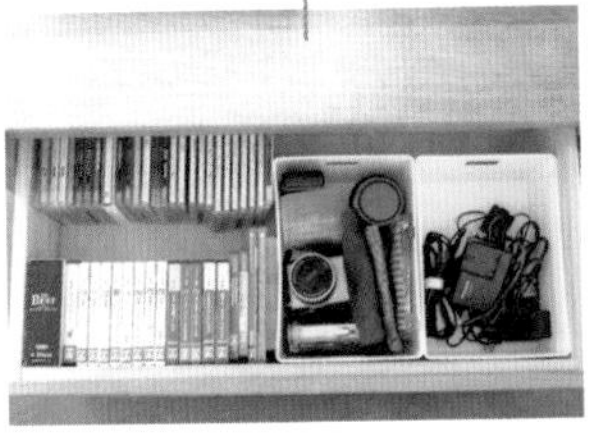

善用收納盒

CD 經過篩選後，空出不少空間。原本收在飯廳的錄影機與線材類皆分類放入收納盒。

一定要劃分區域

使用寬淺型收納盒分割抽屜空間，分類遊戲手把及充電線。避免把同色且外觀相似的線材混在一起，固定收納位置。

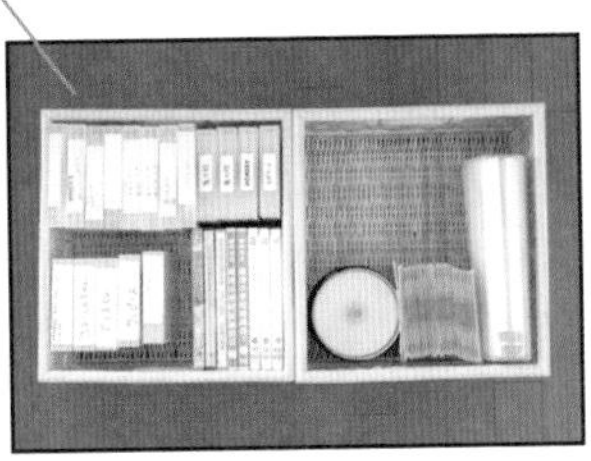

DVD 要分類收納

電影或電視節目的錄製 DVD，以及紀錄著小孩成長的 DVD，需要分開收納。錄影用的空白光碟片也收在這裡。

即使在客廳或飯廳裡也該設置一處私人收納空間

應該有很多家庭，明明有專為孩子規劃的遊樂區，卻沒有夫妻的專屬空間。部分的房子可能有規劃書房與家事區，但比較舊的建物大多沒有預設這樣的空間。你或許會認為家這麼大，總有一處個人專屬空間跟收納區，可是我仍舊建議大家**也在客廳或飯廳規劃一處自己的私人空間**。

有了私人空間，你可以在這裡放置個人信件、讀到一半的書籍或工作文件。當你正在做某些事情卻不得不中斷作業時，有一個能迅速收拾乾淨的「物品避難所」會很方便。

「看到一半的書老是丟在餐桌上！」「東西總是不物歸原位！」我很常聽到太太們像這樣抱怨丈夫不把東西放回原位的行為。我能體會大家的心情，但當事人肯定是認為要把東西收回位於其他房間的專屬收納區很麻煩。雖然有書房或書籍收納區，還是會想在飯廳或客廳看書，而且一旦收起來了下次還得走過去拿，實在太麻煩了……我自己便是如此，因此我在飯廳也有規劃私人用品區。

私人空間只要一個抽屜或一個收納盒這種小空間就足夠了。為了公平起見，不論是女主人還是男主人都要有屬於自己的小空間，最好是能放置A4文件或雜誌的大小，不過就算是只能容納約信封尺寸的收納盒也沒關

常見的NG做法

堆放好幾年的文件、已經完成使命的紙張、長年以來默默放在家裡的紙類……可別看也不看地就扔掉，請一一檢查過後再處理掉。

係，有總比沒有好，這就是你該在客廳和飯廳擁有的私人空間。（C案例的個人空間區詳見第82頁的私人物品盒）

別一股腦地丟掉全部的紙類文件！

我知道要整理紙張文件很費時，但務必一張張檢查過後再丟棄。我在幫忙整頓時，常常在各種紙類中翻出被屋主遺忘的信封，裡面除了現金以外，我還曾在這些信封裡挖出商品券、預付卡、電話卡、禮券、郵票、旅行支票等等能取代金錢的物品。儘管整理紙類的工作很煩悶，若能抱持著「也許能挖到寶藏」的心情，就會更有幹勁地一張一張仔細檢查！原本認為「我家絕對不會這樣」的人，也都挖到不少寶物呢。大家就當是被我騙一次，耐心查看每一份紙類品吧。能夠挖到寶當然很幸運，若沒有，那就代表你過去自我管理做得很好，非常值得驕傲！

使用頻率低的文件卻佔據著頭等席……分散收納造成東西難以管理的狀態

一年看不到一次的公寓規範與住宅設備說明書居然分散收在飯廳最好的位置，實在稱不上有良好管理。資料夾也各成一國，沒有統一性，要找東西很費勁。

依照使用頻率更改文件的收納位置

本來我們應該分類整理的資料文件只有：①會反覆查看的物品。②有保管必要性的物品。

雖說每個人會反覆查看的物品不太一樣，但基本上不外乎是學校通知信、考慮購買的商品或服務介紹手冊、工作資料等等。這些東西請收在客廳、飯廳、廚房等最常待的區域附近。（C案例的屋主希望能收納在廚房，因此我替他們規劃在廚房區。）

有保管必要性的物品，是指每年都會收到的繳稅證明（金融機構給予的收據）、國民年金定期通知單等等。除此之外的家電說明書及保險合約書等文件，只有遇到問題時才會用到。只要把它們分開收納就行了。

收納 Point

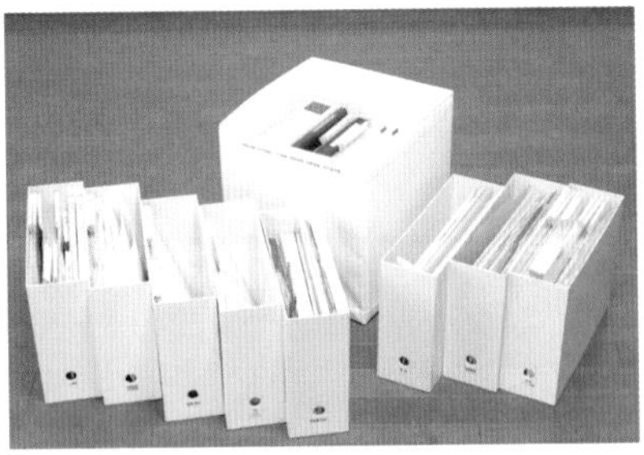

用檔案盒來管理文件

同類型文件皆集中歸檔，與此相關的東西也一併收進檔案盒。使用標籤機印出標籤，事先貼在檔案盒外頭，可以省去找東西的煩躁感。

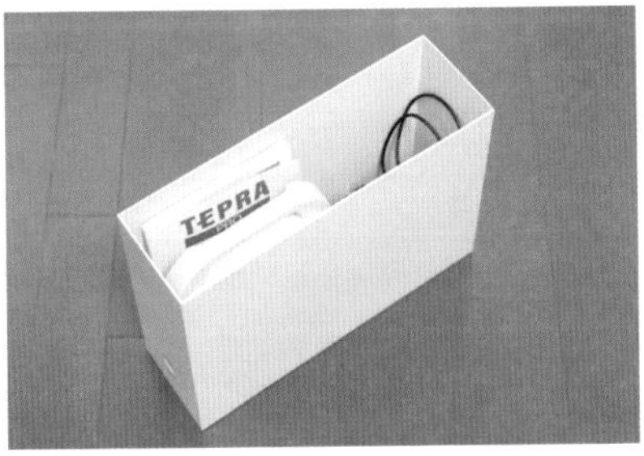

依照使用頻率來決定收納處

由於C案例的屋主很少使用標籤機，我將它收進檔案盒，改放到走廊的收納區。

先分成「經常使用」與「不常使用」兩大類 然後把使用頻率低的物品收到其他地方

裝有經常重複查看的學校通知信、每年必定會寄來的稅金文件、國民年金、保險扣繳證明的資料夾，都收在廚房（如上方照片），其他的東西則移到走廊收納區。放在飯廳跟廚房的文件經過篩選後，空間清爽許多。

收納位置並沒有規定非哪個地方不可。每個家庭經常使用及不常使用的東西皆不同，請按照自己家中的習慣來決定收納地點。譬如，假設你會在客廳使用吹風機，就可以在客廳安排吹風機的收納區。

推薦收納用品

無印良品的檔案盒最好用

我認為，無印良品的十公分寬白灰色標準型檔案盒是整理家庭文件不可或缺的配件。其他品牌的檔案盒內部尺寸不是太小就是太大，不夠實用。紙製檔案盒則是會在使用過程逐漸劣化，我並不推薦。購買檔案盒時請以功能性為主，不要用價格來挑選。

真正需要的文件只有極少數 整理紙類品是最簡單的收拾作業

查看過所有紙類文件後，你會發現真正需要留下的並不多。平常總想著「先放著再說吧」、「好像該保留」、「丟掉會不放心」……不斷地拖延處理時間，等到東西堆積成山了，整理的幹勁也跟著消失殆盡。若能每天乖乖正視這些紙類文件，整理紙張絕對是最簡單的收拾工作。

左頁是依我個人情況，整理出應該保留的文件清單。雖然每個家庭有所不同，總之大家先參照這份總表，試著開始整理文件吧。只要整理過一次，確實做好分類收納，以後你就能放心了。再也不怕會出現「那份文件放在哪裡？」、「我記得應該是在這裡」等等諸如此類的不安情緒。

此外，「別讓紙張進入家中」也是一項重點。辦集點卡、加入會員、參加抽獎等行為，等於是把個人資料告訴商家，之後就會定期收到DM。為了避免收到這些東西，在一開始時就應向商家表明不要寄送紙本廣告或通知單等，或是改採用電子郵件等方式。儘管會增添手續上的麻煩，但可以減少之後待處理紙張的數量，還能促進環保。

需要保存的文件

報稅、繳費相關文件	保險、國民年金、銀行（網銀） ※ 依照個人名義分開管理
薪資所得稅扣繳憑單	年金相關文件（筆記本、定期通知信） ※ 建議申辦網路帳號
房屋稅通知書	保險證券、合約條款 （醫療險、壽險、教育資金保險⋯⋯）
汽車稅繳納通知書	納稅憑證（依住宅、醫療等項目分類）
保險費繳納證明書	銀行文件（網路銀行）
貸款餘額證明	股票投資（依照各檔股票分類，理想做法是使用網路管理）
薪資明細表（僅限有拿紙本的人，由自己決定保留期限）	

醫療相關文件	住宅相關文件
醫療費收據	土地、建物所有權狀
兒童健康手冊、孕婦健康手冊	住宅火災保險證明
用藥履歷 （可使用雲端查詢系統、手機 APP）	地震保險證明
健康檢查報告書、健康診斷報告	房貸相關文件
	租賃契約文件

（住宅相關文件：除非是需要搬家，否則不太會用到）

※ 雖然會依照安全性來選擇收納場所，但由於使用頻率不高，只要自己知道收在哪裡就好。

04

衣櫃

D案例

家庭成員：丈夫（50幾歲）、妻子（40幾歲）、兩名子女（小學生）

Question
煩惱

❶ 收納空間太小，衣服放不進去

❷ 不知道想穿的衣服放在哪裡

❸ 有很多買了都沒穿的衣服

❹ 因為是使用開放式衣櫃，很怕灰塵與蟲蛀問題

我跟丈夫的共用衣櫃位於寢室旁。由於春夏季跟秋冬季的衣服都收在一起，衣櫃空間不夠大，衣服總是要硬塞才能塞進去。沒有掛在衣架上的衣服，我會摺起來放在下面的櫃子，但這個櫃子很不實用，我經常找不到想穿的衣服，非常困擾。一直以來我都搞不清楚衣櫃裡面究竟有什麼樣的衣服。

雖然我也買了很多新衣服，不過因為回家後都會先掛起來，過一陣子就不知道它們跑去哪裡了。我想要一個能隨時依照時間、地點、場合來選擇穿搭的衣櫃。

另外，因為我家的衣櫃沒有門板，很擔心會有灰塵與蟲蛀的問題。

Answer
解決法

❶ 不要持有超過櫃子容納量的衣服數量

❷ 請依照季節、款式、顏色來區別分類

❸ 將衣物數量減少到自己能夠掌握的程度

❹ 比起防蟲跟防塵，更需要注意濕氣

如果收納空間不大，最理想的做法當然是讓衣服數量配合空間容納量。話雖如此，要一口氣減少衣量的確是一件難事，還是先想辦法找回足夠的空間吧！就算會覺得麻煩，也要特別準備同款的衣架。薄型衣架可以減少吊掛衣服的厚度，不但能吊掛大量衣物，也更容易拿取。

不知道衣服收在哪裡的困擾，可以透過將衣物按照季節、款式及顏色統整分類後再收納來解決。集中所有的黑色褲子，就能搞清楚自己總共有幾條黑色褲子，也許會因此篩選掉部分重複的衣服。

此外，衣服與衣服之間要保持間隔，做好防潮的工作。

衣服的整理・收納成功步驟

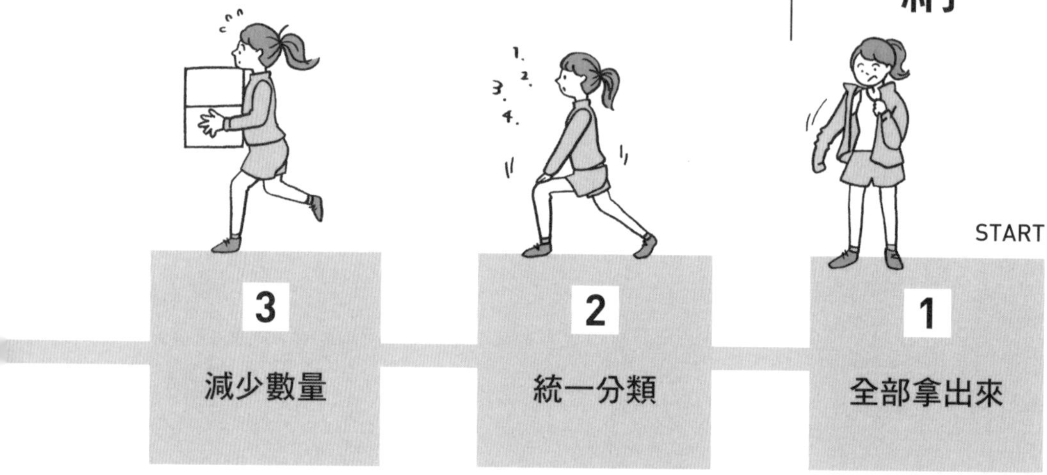

將每一件衣服拿出來清點

第一步就是先取出全部的衣物（內衣褲除外）。你的衣服是否分散在家中各處？請把當季與非當季的衣服統統拿出來吧。為了避免之後才發現自己「漏拿」，一定要徹底巡邏各個角落！也要確認是否有寄放在洗衣店的衣服。

先收集相同款式，以季節分類後再統一顏色

舉例來說：①收集全部的襯衫。②將各款式的襯衫依照季節分類。③分類完再以同色系、相似花樣等條件繼續細分。要做完上述步驟非常麻煩，但經過細分後，你可以清楚看出自己有多少相同的衣物，更方便刪減數量。

捨棄那些不能再穿出門的衣服

經過逐步細分之後，我們要進入嚴格審查的步驟。出現起毛球、圖案剝落、破損、褪色、染色等狀況的受損衣物，請列入丟棄品項。相似的衣物只能精選出一件。如果不曉得自己還會不會穿，你就用願不願意穿著它去搭公車來當衡量標準吧，最後只留下能夠馬上穿出門的衣服。不要想著能不能當作居家服，這樣一來會無法減少衣服數量。

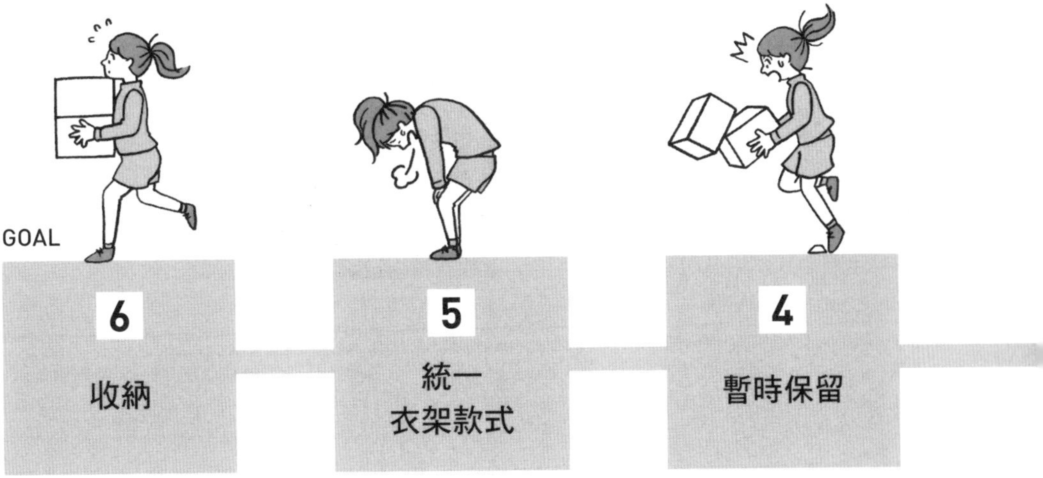

猶豫不決的衣服可以訂下期限暫時保留

如果不確定自己會不會再穿，又無法果斷捨棄，就先放進紙袋並封住開口，在紙袋外標記一個月後的日期，暫時保留。若一整個月都沒有打開它，表示你已經不想再穿了，屬於不需要的衣服。期限到後別打開紙袋，直接拿去處理掉（一個月封印術僅能用於篩選當季衣物）。

請統一衣架等收納配件的款式

若你現在使用的是多種款式或洗衣店給予的衣架，請全部換成相同款式。統一衣架款式能夠減少空間上的浪費，而且更方便拿取。選擇收納配件是一種投資，當你體驗過統一、整潔、美觀、易於拿取等優點之後，就再也回不到從前了。

衣服減少到現存空間足以容納的數量後歸位

數量變少後就容易收納了！想要摺疊擺放或使用衣架都隨你決定。如果發現收納空間不足，再從步驟①重複一次流程。「衣服一增加就想辦法減少」才是衣櫃收納問題的正確解答，並不是「看到衣服增加就跑去買收納盒」。請配合收納空間的大小來管理衣服數量（家庭人數增加時除外）。

不知道有什麼衣服塞在哪裡

就像擠沙丁魚般的衣櫃，看不出哪裡有些什麼衣服，拿取上很不方便。

無法吊掛的衣服雖然都以摺疊方式收納，但過剩的數量讓櫃子宛如一座衣服山。

每逢換季時節一定要重新整理衣服

衣服之所以會變多，是因為長年沒有在換季的時候整頓衣物。自己不曉得家中有哪些衣服？藏在什麼地方？於是一再地購買新衣，陷入惡性循環。**要斬斷惡習，就要先把衣服數量減少到你能看清楚每一件衣服。不要執著於潮流，請配合當下年齡來決定取捨。**人的體型會隨著年齡增長變化，衣服與自己的適合性會有顯著改變，只要試穿過一次，就能快速決定要不要保留。

一般來說，開放式衣櫃不容易積聚濕氣，是對衣物最好的環境。不過當衣櫃裡塞滿了衣服，就得想辦法處理濕氣問題了。有些人怕衣服沾染灰塵，會保留洗衣店的防塵塑膠套，請大家一定要拿掉防塵套。我看過好幾戶人家因為衣服套著防塵套，導致衣服在防塵套內溫度較高而產生黴菌，並且擴散到其他衣物及衣櫃牆壁上。與其在意防塵與防蟲的問題，更應該注意防潮。

今後都要以「能否穿出門」作為保留的判斷標準

原本堆積如山的衣服經過一件件精挑細選後減少不少數量。衣櫃終於能容納所有衣服了。

取出全部衣物一一篩選，判斷自己還會不會再穿。猶豫不決時就先試穿看看再決定。

常見 NG 做法

有的人會統一保留備用鈕釦與布料，卻有 99% 的人不會拿出來用。其中 1% 的例外是跟小孩的制服及體育服相同的布料。制服跟體育服經常破損、需要修補，有關的配件都要保留到孩子們畢業為止。

不需要的衣服居然裝滿四個垃圾袋！

一件一件地檢查屋主過去穿過的衣服，發現有沾染到髒汙、受損，和已經不喜歡的衣服。一旦判斷「不適合現在的自己」就列入割捨對象。

吊牌還在的新衣

屋主有許多從購買到現在都沒穿過，連吊牌都還在的衣服。由於它們已經過季了，統統拿去回收。

對自己購買的衣服要負起責任
這也是避免雜物增加的技巧

大家把衣服買回家後，通常會馬上拿衣架掛起來，這時請先記得剪掉吊牌。如果嫌這個步驟麻煩，當你要穿時又得動手剪吊牌，反而浪費時間。**能在幾秒間解決的事情，千萬別拖到之後再做。**我幫忙整理住宅時，經常發現到屋主以前購入但從來沒有穿過的衣服，那些衣服還是一如當初買來的樣子，留著吊牌掛在衣櫃裡。

他們對此有各種理由，如：①剪吊牌很麻煩。②如果不適合，留著吊牌就可以退、換貨。③可以看出是不是新買的衣服。④要管理剪掉的吊牌及附屬配件（鈕釦等物）很麻煩。⑤如果以後不穿，有吊牌比較好賣。

①嫌剪吊牌麻煩，就在衣櫃裡放置一把剪刀。只要用S掛勾掛一把剪刀在衣櫃裡，衣服一買回家就可以立刻剪掉吊牌，麻煩立刻解決。

②不要購買不適合你的衣服！一定要試穿過後確定滿意再買。去商店退、換貨非常浪費

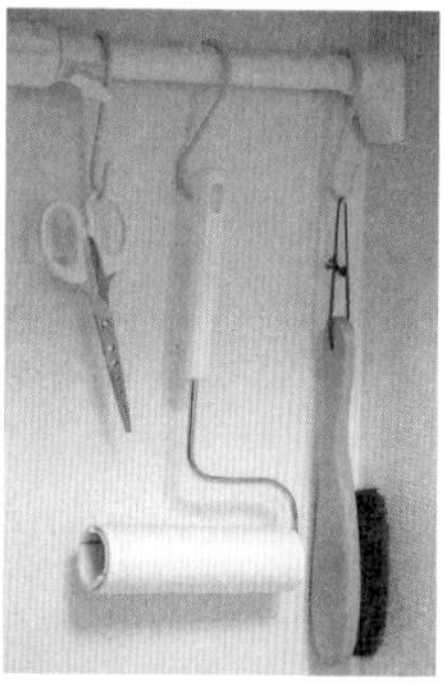

推薦收納配件

打造清爽衣櫃的其中一個條件，就是統一衣架款式。我推薦大家使用無印良品的鋁製衣架系列。由於是鋁製品，還可以用來晾曬洗好的衣服，曬乾後直接將衣服連同衣架收進衣櫃即可。如果有另外準備褲子及裙子專用的衣架也有助於收納。

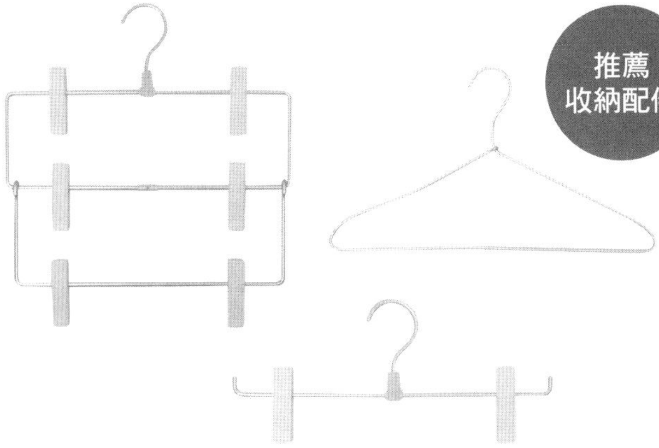

時間，請拿出勇氣拒絕店員的推銷。

③如果你的記憶力不好，無法記得哪一件才是新衣服，那就用便條紙標記「新品」或寫下購買日期，然後貼到衣服上。此外，你也可以規劃一個專門放新品的抽屜或空間。你是否只是單純喜歡新衣上有吊牌的感覺呢？就算衣服沒有吊牌，你穿上它仍然會感受到購買新衣的滿足感。

④沒辦法丟棄衣服附屬配件的人，就把吊牌跟其他配件統一收納在同一處。若只保留鈕釦或線類，你也記不得它們屬於哪一件衣服。用紙膠帶將吊牌及衣物附屬配件黏在一起，就能方便辨識出是用於哪一件衣服。

⑤以轉售為前提購物，只是在浪費錢。如果對自己會不會穿這件衣服感到猶豫，以後請不要購買類似款式。很多人會在特賣時失手買下這樣的衣服。不只是衣物類，所有要帶回家的物品都要以會使用為前提購買。

剪吊牌的動作就是啟動穿上它的開關，證明這件衣服已屬於自己。希望大家不要隨便對待自己掏錢購買的衣服跟物品，要對這些東西負起責任。這是對物品的一種敬意，也是避免增加雜物的技巧。

整理衣物的標準是什麼？

我相信在所有的東西裡，衣服一定是最難整理。「或許會再流行起來」、「搞不好還會再穿」，我們經常對衣服充滿了未來的想像，也會受到「我在某個時候穿過這件衣服」的回憶影響，動搖整頓的決心。因此就算你決意要讓衣櫃「只收納想穿的衣服」，仍會深陷於未來與過去之間，遲遲無法下定決心割捨。

讓我們跟過去及未來做個了斷吧！

- ☑ **等到變瘦就能穿的衣服**（或是肥胖時可以穿的衣服）（未來）
- ☑ **可能會再次引起潮流的衣服**（未來）
- ☑ **超過三年沒穿的衣服**（過去與未來）　※參加正式典禮或懷孕時期的衣服除外
- ☑ **因為價格不菲，雖然不會穿也捨不得放手的衣服**（過去）
- ☑ **有特別執著或回憶的衣服**（過去）

當體型有所改變時，請改穿適合當下體型的衣服。光是保留「瘦下來就能穿」的衣服並不會讓你變瘦，而且就算努力減重成功，到時肯定也會想買新衣服。

衣服超過三年沒穿的原因是什麼呢？「因為體型變了穿不下」、「現在不流行了」、「不好穿」……一件整整三年都沒穿過的衣服背後必定有其原因，請好好思考你不穿它的理由吧。即使已經三年沒碰，但是若從今天起你還願意穿的話就不必丟棄！有些衣服是因為你忘記曾經買過，才會沒有拿出來穿。現在就讓衣服們重獲新生吧！

以前的衣服價格都不便宜，但現今，除了高級品牌以外，一般服飾受到快速時尚的潮流影響，變得便宜許多（國外製造、使用人造纖維等等）。我們要認清「今非昔比」、「時代已經改變」，必須明確地劃分出「過去」。你現在不穿，那衣服的價值等於是零圓。至於有特別感情或回憶的衣服，已經不單純是一件衣物，屬於「回憶紀念品」。把它們從衣櫃裡拿出來，跟其他紀念品收在一起吧。

整理衣服的好處

1 衣櫃裡只會有自己想穿的衣服

2 更方便拿取每一件衣服

3 能確實掌握自己持有的衣服

4 穿搭時更容易且心情愉快

不要把二手拍賣當成退路！

自從手機的二手拍賣應用程式（APP）開始盛行，「不需要的物品就拿去賣掉」似乎變成固定程序。「不需要的物品直接丟掉很心痛」、「既能給需要的人使用，又能換成錢」……我明白這種心情，我自己有時也會出售二手商品。

我經常在受託協助整理的住宅裡，看見屋內堆滿準備放到網路拍賣的物品，就連包裝資材也堆積如山，那些已放上網路拍賣及準備要出售的東西占據了空間，造成平日生活各種不便的異樣景象……而結果往往就是商品經過很久仍賣不掉，過剩的庫存品逐漸壓迫日常生活空間。雖說抱持「不能浪費物品」的心態很重要，但更重要的是如何果斷地放手！如果賣不掉，就轉賣給願意收購的二手商店，或是送給別人、直接丟掉吧！若不跟物品明確做個了斷，就得在不需要的物品包圍下過生活。

如果想要出售物品，以下幾點要注意：

①設定販售期限（一週至一個月內。超過期限就撤下商品，或是降價求售。）

②放上拍賣的物品要馬上包裝（一售出就能馬上郵寄，家裡也不會堆滿包裝資材。）

③不要只放一個商品，將類似物品合併出售（不僅能一口氣減少數量，也會讓人產生划算感。例如：小孩的衣服。）

二手拍賣上的確有很多買家，相對地，也別忘記你有很多競爭者（賣家），並不是放上網路就一定能賣掉。既然決定要出售，我建議大家先在心中設定一段期限，以求儘早脫手該物品，獲得舒適的生活。

有的人總是認為「用不到可以賣掉」，所以輕易買東西回家，其實這樣是在浪費轉手出售所需要付出的勞力與時間。既然用不到就不要購買！除了「買錯就拿去網路拍賣」這一點，「送給他人（或給予小孩）」的做法也有可能令收受方因不好意思拒絕而感到困擾，請不要為了消除自己丟棄物品的罪惡感而做出這樣的行為。

預防物品增加的五大守則

不要參加特賣會

在特賣會現場容易受到氣氛影響，覺得「不買會吃虧」而衝動購買。與其這樣，乾脆打從一開始就不要去、不要買。

不要去暢貨中心

原因跟不去特賣會是一樣的道理。而且我們也不需要過時產品或次等品。

不要買福袋

購買想要的東西就好。就算是有列出內容物的福袋，如果裡面有不要的附屬品就別購買，別讓物品入侵家裡。

不要拿贈品

除了能夠用完及真正需要的物品之外，都不要收下。

不被「買多少就送什麼」的話術誘惑

這樣只是徒增自己不要的東西，千萬別被「好像佔到便宜」的感覺欺騙了。

改變物品持有方式的「訂閱服務」

現在是二十一世紀，大家持有物品的方式與價值觀皆有巨大改變。從擁有許多有形物品象徵著生活富足的戰後時代，再經過以持有精品來展現身份地位的泡沫經濟時代，到前幾年開始流行起極簡主義，而如今則是訂閱制逐漸普及的時代。**人與物品的關係開始從「擁有」轉變成「定期付費使用」**。（※所謂訂閱制，是指消費者並非付錢買斷商品及服務本身，而是透過付費取得一定期間的「使用權」的商業模式。）

最初認識這種服務型態時，我很不以為然，直到親身接觸使用後才發現這類服務非常方便。不但能省下出門購物的時間，也不會佔用空間，更不必煩惱管理問題。對我而言簡直是百利而無一害！

雖說訂閱服務需要在每個月或每一年繳納訂閱金，但我認為透過付費交換不需持有物品的舒適生活、隨時都能使用的便利性，都具有超越使用費的價值。隨著時代更迭，我們持有物品的方式和生活模式漸漸在改變。請拋開「我辦不到」的想法，別再侷限於「我不會」、「我不懂」的消極心態，無論身處什麼時代都要順勢而為，培養柔軟的身段與輕便的生活方式。（有些服務雖然我沒有訂閱，但也很方便，例如：能租借由造型師為你搭配的衣服、租借高級名牌包或飾品、隨時光顧髮廊的權利、租借及送洗襯衫，以及有關汽車、相機、咖啡機、酒、玩具等等商品的服務。）

我所使用的訂閱制產品

D Magazine
能夠以月付一百元左右的價格暢讀超過四百本雜誌。
類似服務如樂天 Magazine、T Magazine 等等。

Amazon Prime
能免除在 Amazon 購物的運費、可指定送達日與快速到貨的服務費。我還有使用可以盡情觀賞電影、電視劇、動畫的「Prime Video」、暢聽音樂的「Prime Music」等其他 Amazon 相關訂閱服務。

Office 365 Solo
Microsoft 公司的線上型 Office 軟體。使用者可以用一個帳號在最多五台裝置上安裝最新版的 Office 軟體，還可以使用 1TB 的 OneDrive（雲端儲存空間）。（Mac 系統也可使用。）
＊註：2020 年微軟將 Office 365 改名為 Microsoft 365，有分家用版及個人版。

Apple Music
可以免除廣告，盡情串流播放超過六千萬首歌。
PC 及 Android 裝置皆可使用。類似服務如 Spotify。

由於我喜歡的歌手也加入音樂串流市場的行列，於是我把手邊的 CD 都處理掉了。實際上，我家也早就沒有能夠播放光碟的機器，這幾年來只有在車上會聽 CD，根本不會翻看那些歌詞本（Apple Music 能夠顯示歌詞）、光碟盒又佔空間……為了揮別這些 CD，我將它們全數打開檢查。雖然以前都堅持買初回限定盤，但現在對它們已無任何留戀，只有一個附贈的紀念撲克牌令我耗費半天時間煩惱著要不要割捨。即使是早就決意捨棄全部 CD 的我也需要考慮的時間，**我將這副撲克牌拿出來把玩，並試著拍成照片留存後，做出「就算繼續持有，以後也不會用到」的判斷，**因此最後決定捨棄（轉賣給收購業者）。

每個人生階段都有不同持有物品的方式

你現在處於什麼樣的人生階段？面對不同的人生階段，我們有時會無法捨棄物品。獨立生活、就職、結婚、生產、分居、同居、死別等等，日常生活會因不一樣的家庭結構跟人生階段而出現變化。

最重要的是，**我們要學會配合當下的人生階段，調整持有物品的方式來順應生活**。若是家中有嬰幼兒的雙薪家庭，一定要儲備尿布與食品。即便是較無負擔的雙人生活，年輕世代與中高年齡層持有的物品種類及數量也不一樣。

配合居家空間大小調整生活與物品之間的平衡才是關鍵，不是一味地減少物品就會獲得舒適的生活。請用心找出你與家人真正需要與喜愛的物品。也請記得，在整理的過程中，絕不可以未經家人同意，擅自丟掉他們的東西。

為你加把勁！

告別物品的專用辭典

針對經常有人向我諮詢
「該怎麼處理」的物品，
在這裡將介紹
相關的整理方法。
以下依同類物品做分類。

【傢俱類】

傢俱

請處理掉不好用的傢俱，只需打電話給當地環保局或清潔隊，約定收取的方式及時間即可。有些骨董傢俱甚至能賣到國外，可以嘗試放到資產拍賣（Estate sale）上出售。

※何謂資產拍賣（Estate Sale）？
自1970年代以後，在美國成為常態的生前或遺物整理拍賣會。為原持有者已不需要的美術品或古董品找回其價值，出口到國外回收再利用的服務。

五斗櫃．抽屜櫃

很多家庭的五斗櫃是結婚時父母贈送的賀禮，因此大家只要一想到「五斗櫃是父母送的禮物」，即使不喜歡也會勉強自己繼續使用。如果雙親仍然健在，請試著向他們表達你想丟棄五斗櫃的意願，他們若知道孩子並不喜歡，只是在勉強使用，想必能夠諒解。如果雙親已不在，請你自己決定，連同「當初價格不菲」、「是父母親送的禮物」等思想束縛都一起拋開吧。

家中若有不使用的櫃子請索性丟掉，盡快把它移出家中。隨著年齡增長，會漸漸失去處理大型傢俱的精力與體力。

【家電．電子產品相關】

電視

當作大型家電回收。

洗衣機．烘衣機

當作大型家電回收。

冷氣機

當作大型家電回收。

烤箱

可當作小型家電回收。

微波爐

若能正常使用，二手商店可能願意收購。如果要丟掉，請遵守當地的處理規定。

快煮壺

可當作小型家電回收（金屬保溫瓶

屬於廢金屬類，可回收）。

手電筒

手電筒可作為緊急避難用品，請在各房間放置一個。如果數量還有剩餘，就當作小型家電回收。

體重計（體脂計）

若為電子型，可當作小型家電回收處理。

電動刮鬍刀

有些二手店家願意收購電動刮鬍刀。也可以當作小型家電回收。

電動牙刷

丟掉刷頭，本體以小型家電回收。

吹風機

可當作小型家電回收。

電腦

可詢問廠商協助處理。部分有協助回收小型家電的自治團體或大型電器店也會幫忙回收。

電子辭典

可當作小型家電回收。

電子記事本

刪除資料檔案後，當作小型家電回收。

MD隨身聽

可當作小型家電回收。

CD・光碟片

若已沒有隨身聽，可以把CD的檔案轉錄到電腦後捨棄，透過雲端管理音源檔案（Google Play Music或iTunes Match等）。實品請賣給二手商店或回收處理。

收音機

只留下一個作為避難用品。其餘當作小型家電回收。

錄音帶

現在有機器能夠將錄音帶的音源數位化成MP3檔案（轉存到USB或SD卡中）。也有協助客戶數位化檔案的專門業者。

攝影機

可當作小型家電回收。

錄影帶

大型電器用品店或相機店有提供把錄影帶轉存成DVD或藍光光碟的服務。或是數位化成電子檔之後回收處理。

傳真機

可當作小型家電回收。

電話機

可當作小型家電回收。

手機・智慧型手機

可當作小型家電回收，或賣給專門收購的二手商店。將手機設定初始化，或將手機裡的資料檔案備份後刪除。此外，部分電信業者也能協助提取檔案，可以詢問相關業者。

耳機

可當作小型家電回收。

滑鼠

可當作小型家電回收。

遙控器

可當作小型家電回收。

電源線・延長線

電線類可當作小型家電回收。因電線內含銅線，且外層是ＰＶＣ塑膠皮，不適合進入焚化爐燃燒，請交由清潔隊資源回收車處理。若是用途不明的電線，請把它們丟掉，真正需要用到的電線不會大量閒置，有需要時再購買就好。

電池

使用完畢的廢乾電池，可送至連鎖便利商店、量販店、連鎖清潔及化妝品零售店、無線通信器材零售店等設有「電池回收筒」的集中回收點辦理回收。或是交由清潔隊垃圾車或資源回收車也可以。

※關於家電回收

關於家電產品或相關電器物品的回收，處理方式大致有三種：

1如果有購買大型家電新品，可以透過販賣業者逆向回收。每家店的回收方式不同，有些或許需要支付回收搬運費用。

2透過行政院環境保護署資源回收專線 0800-085717，查詢特定資源回收業者聯絡資料，提供前往載運或相關問題諮詢服務。

3小家電如電風扇、吹風機、檯燈、烤箱、飲水機、電鍋（電子鍋）、果汁機、熱水瓶、烘碗機、快煮壺等，可於指定的資源回收日直接交給清潔隊資源回收車處理。大型家電如電視機、電冰箱、洗衣機、冷氣機等需與地區清潔隊聯繫，約定時間、地點後清運。

其他可回收的家電產品包含：手機、電話、傳真機、錄放影機、隨身聽、吸塵器、手提式收錄音機、捕蚊燈、電蚊拍、電子遊樂器、電腦主機、螢幕、滑鼠、鍵盤、印表機、掃描器、平板電腦、外接硬碟、錄音（影）帶、乾電池、行動電源、光碟片等。

【廚房用品・食品類】

有裂痕的碗盤

請果斷丟棄！這種餐具隨時可能碎裂，非常危險。如果是成套想保留的餐具，建議找專家修補裂痕。

玻璃杯

思考是否能用來插花、當筆筒等，創造裝飲品以外的用途。若沒有其他活用機會的話就捨棄。

三角瀝水置物架

流理檯的三角瀝水置物架是用來放置做菜過程中產生的菜渣，但最容易變成雜菌的溫床。建議廚餘還是裝入塑膠袋，或使用排水孔瀝水網、報紙等包起來拿去丟掉。如果不能確認是否該丟掉三角瀝水置物架，可以先嘗試一週不使用瀝水置物架，如果一週內生活都不受影響，就表示可以丟棄了。

食品

收到吃不完的大量食物，可以選擇分送給鄰居，或是捐給食物銀行。

※何謂食物銀行？

一種收集大家多餘的食品提供給需要家庭的組織團體或活動。像是米、罐頭、調理包、速食食品、調味料、麵條、餅乾等等，只要是未開封且保存期限超過一個月，不須冷藏或冷凍的食品皆可捐贈。

調味香料

一段時間未使用的香料可能會長蟲，請馬上丟掉。尤其是香草類的香料（如七味唐辛子、香草風味鹽）特別容易長蟲，必須放到冰箱保存。

洋酒

很多人家裡都有多年前收到的伴手禮洋酒。不喝酒的人請賣給專門收購老酒的商店，或是把適合做菜的酒拿來料理。兩個方法都行不通就丟掉或轉送給想要的人，絕對不要一直放在家裡。

保冷劑

請決定存放在冰箱內的保冷劑數量（我家只保留三個，你也可以隨著夏天及冬天更改保留數量），其餘可選擇丟棄。或剪開包裝，將內容物倒入玻璃杯或空果醬罐，滴上香氛精油改造成芳香劑。

保冷袋

家裡不需要保留超過家庭人數的保冷袋，請精簡數量，丟棄多餘的保冷袋。

免洗筷

家中若有大量免洗筷，請在平常生活中使用，這樣還能減少需要清洗的物品。如果是想備用大量免洗筷作為避難用品，請跟防災物品放在一起。

【保存用品・袋子・包材】

保存容器

請丟掉已無法蓋緊或是角落變色的保存容器。同系列產品不只方便使用也便於收納，如果家中有各式各樣的保存容器，請改為方便使用的統一款式。

罐子・空果醬罐

不要因為瓶瓶罐罐很可愛就「暫時留下」空瓶，我們不需要收藏空氣。有明確使用時機與用途的空罐可以保留，不知道要拿來做什麼的罐子請全數清掉。以後若有需要再去購買。

裝家電用箱子・各式紙箱

因為現在網路購物很普及，導致家中紙箱愈積愈多。由於蟑螂會在紙箱上產卵，把紙箱長時間放在家中就等於在飼養蟑螂，請趕快丟掉。也不需要特地保留購買家電及電腦時的箱子，實際會再用上的機會微乎其微，附有外盒的遊戲機二手收購價雖然比較高，但也只差幾百元而已；不過，電風扇拆解後放回箱子比較不佔空間，應該保留外盒，但除此之外的箱子都應清理掉。

泡泡紙

沒有使用需求就丟掉。若是準備拿來包裝網拍商品，請在上架後馬上包起來，不要留下超過所需數量的泡泡紙。如果一定要保留，請選定一個收納區，只留下裡面能容納的數量。

保麗龍

除了要用在釣魚或裝運冰淇淋等有明確用途的保麗龍以外，其餘的都丟掉。

鐵絲條

常用於吐司束口的鐵絲條，我們經常覺得「它能用在其他地方」而選擇保留。如果沒有明確的用途就丟掉吧。

緞帶

緞帶會在不知不覺中收集成堆，只需要留下漂亮且實用的緞帶，其餘丟掉。

包裝紙

你有確定什麼時候會使用它嗎？如果沒有明確使用時機就丟掉，別抱著不明所以的心態持有物品。

紙袋

二手精品店會收購高級精品的紙袋，與其放在家裡堆積灰塵，不如讓它循環利用。

環保購物袋

請放到平日常用的包包裡。如果有多個環保袋，也可以分散放在車內、公司或是行李袋裡，其他多餘的環保袋請捨棄。

購物的塑膠袋

這些袋子是否已經放到變色了？請丟掉老舊的袋子，在家中規劃收納區，只保留收納區能容納的數量，藉此減少家中的袋子。

【服飾・配件類】

衣物

只留下可以穿出門的衣服（正式場合的服裝與孕婦裝除外）。其他請轉賣給二手商店、捐到舊衣回收箱或是直接丟掉。

超過三年沒穿的衣服

如果超過三年都沒穿，以後肯定也不會再穿（參加正式場合的衣服除外）。體型改變、不適合、不好穿、退流行……找出你不想再穿的理由後拿去丟掉，或是賣給二手商店。

等變瘦就要拿來穿的衣服

適合纖細體型的衣服隨時都買得到，請丟掉這些囤積衣物（光是保留衣服不會讓自己變瘦）。可以賣給二手商店、回收或是直接丟掉。

毛皮大衣

建議可以重製成符合現代潮流的樣式，市面有協助改造毛皮大衣的公司。如果已經不穿也不打算改造，那就轉賣給二手毛皮衣物專賣店。

領撐（用於襯衫領口）

請確認家裡的襯衫與領撐的數量相符，多餘的請處理掉。

會磨腳的鞋

穿這樣的鞋只是自找皮肉痛，請割捨它。有些二手商店願意收購。

內衣褲

請用紙包起來，或是裝到紙袋裡，以可燃垃圾丟棄。

包包

手邊只留下平常會使用的包包。二手商店會收購名牌包或百貨公司品牌的包包。

項鍊、耳環等飾品

請果斷告別長年未配戴的飾品。磁鐵能吸附的電鍍品可以回收處理，而不能吸附的珠寶類可以轉賣給收購貴金屬的專門業者。其他飾品可以賣給二手商店或拿去網路拍賣。

髮飾品

就算有再多的髮飾品，自己也只有一顆頭而已。請篩選並保留最常使用的髮飾。正式場合用的特別髮飾品請跟正式場合使用品收在一起。

眼鏡

度數不合的眼鏡請賣給二手商店或直接丟掉。

【美容用品・清潔用品類】

美容用品
如果已不再使用，請告誡自己「下次絕不再買」並處理掉。可以賣給二手商店或上網拍賣。

口紅・護唇膏
顏色不適合自己的口紅（或護唇膏），如果是新品就拿去二手商店或利用網路拍賣出售。

化妝品試用包
一年內收到的試用包請每天使用，減少數量。放置時間超過一年以上的試用包可能會傷害肌膚，請直接丟掉。

肥皂
若不想拿來洗澡，就放到櫥櫃或衣櫃裡當成芳香劑。但是要注意濕氣問題，請跟除濕劑一起擺放。

擦鞋用品
若沒有在使用就丟掉。另外，請不要大量帶回飯店的盥洗用品。

清潔劑
請丟掉老舊的清潔劑。如果等到環境弄髒才要打掃，就得另外準備強力的清潔劑，所以平常就應該勤於清潔，減少家中清潔劑的種類。要丟棄時，請先在牛奶紙盒底部鋪上報紙或破舊的毛巾，再倒入不要的清潔劑。

抹布
不要為了打掃家裡收集一堆抹布。只要保留足夠打掃的用量即可，其餘請處理掉。

舊牙刷、刷子
如果是想拿來打掃，請平日勤於清潔，然後處理掉這些舊牙刷與刷子。若自己不常打掃，其實也不需要這麼多刷子。

【生活用品・工具】

收納用品

東西少就不需要收納用品。請下定決心「不再增加雜物」，把這些收納配件都丟掉吧。

藥品

一年要整理一次家中藥品，過期的藥品、重複的藥物請丟掉。從醫院拿回來的藥記得要吃完。

筆類

請選出符合自己喜好或容易書寫的筆，其餘丟掉或捐贈。

雕刻刀

這些是不是孩子們學生時期使用的雕刻刀呢？若以後不會再用到就拿去丟掉。

郵票

郵票不能兌現，請拿來使用。①用來寄信或包裹。②不需要的郵票或郵政明信片可以跟郵局兌換所需面額的物品。③未使用的郵票可以拿去捐贈。

白包

雖然各地區風俗不同，但最近會在葬儀上退回白包的人正逐漸增加。家裡不需要準備太多白包袋，請減少數量，只保留固定數量即可。

便箋

因為可愛或興趣而收集的大量便箋就拿來當作信紙使用吧。當成便條紙也可以，若沒有使用機會就乾脆狠心丟掉。

手機殼

請丟掉不再使用的手機殼，這些是不需要的物品。

五金工具

家中若有很多作為贈品的小型工具，請先仔細篩選，再丟掉不需要的工具。

六角扳手

組合式傢俱附贈的小型六角扳手只需保留必要數量，其餘請丟棄。之後有需要再購買即可。

塑膠傘

家中若有大量塑膠傘，請保留家庭人數的數量即可。除了放在車上或職場等地方以備不時之需之外，其餘的塑膠傘請丟棄，或是捐贈給願意接收的車站。

坐墊

平常不會使用的話就丟掉。

棉被

倘若每年都沒有經常會來過夜的客人，就把客人用的棉被丟掉。有需要時，採用租賃棉被的方式更方便管理。

毯子

平常不會使用的話就丟掉。國高中的管樂團或管弦樂團搬運樂器時也許會用到毯子，去問問看他們有沒有需要吧！

布

如果不是現在就要用，請先暫時清空。不要想著以後會拿來手工縫製布製品等。有一些能拿去拍賣網站賣掉，不能賣的就直接丟掉。

腳踏車

可以賣給專門收購自行車的業者，或送給有需要的人。或是聯絡地區清潔隊，約定時間回收。

娃娃車

娃娃車可以賣到二手商店，或是送給需要的人。

寵物用品

家中是否有大量寵物食品、衣物與玩具呢？平常就要避免自己「忍不住」大量購買。請精心挑選後把不要的都處理掉。

魚缸

若以後不打算再飼養水生生物，請果斷地捨棄。市場上有專門收購魚缸的商店，可以轉賣給他們。

【紙類】

薪資明細表

請自行決定紙張及文件檔案的留存期限，到期後就處理掉。

薪資所得稅扣繳憑單

最好可以永久保存（因為上面會記錄社會保險的支付金額等資訊）。

醫藥費收據

暫時保管一年。若報稅時有申報醫藥費扣除額，請保留下來。醫藥費通知書不能取代收據，可以丟掉。

繳稅收據

繳稅的收據建議留存五年。超過五年的收據已不需要的話就丟掉吧。

收納主題的書籍

包括本書在內，你是否在看完之

後，心裡已有家裡都收拾乾淨的錯覺呢？當家中變整潔，你便不再需要這本書了，請處理掉吧。

食譜書

你做過幾道書中的料理呢？請抄下需要的食譜，或挑出你想保留的食譜書。留下必要書籍，其餘丟掉或賣給二手書店。

各類書本

即使是首刷本或貴重書本，只要已不再閱讀就處理掉。你有這麼多時間可以重複翻閱這些書籍嗎？美食、旅行、金融、保險、數位產品、檢定參考書……這些會跟著時代潮流變動的主題書早已失去實用性，看完之後趕快拿去轉賣比較能賣到好價格。如果想捐贈給圖書館，請務必先向對方詢問細節。

雜誌

抽出想保留的頁數後丟掉，或是掃描轉存電子檔。大量舊紙張容易長蟲，是室內灰塵過敏的來源之一。

文件

請丟棄超過一年未使用的文件。若覺得不放心，可以掃描成電子檔保存。請先去除塑膠、釘針，鋪平疊好後捆綁或裝袋，交給清潔隊回收車處理。

行事曆

①自己決定保留期限。②想留存紀念就要統一保管。若改用手機的行事曆應用程式就能免去管理的手續。你也可以選擇掃描成電子檔後丟棄。

說明書

請保留大型家電、相機、電腦、印表機的說明書。要轉賣給收購業者時，有附說明書的商品能賣到更好的價格。計算機、滑鼠、鬧鐘等小型家電的說明書請掃描存檔後丟掉。此外還可以到網路下載說明書的ＰＤＦ檔，以數位方式保管。

保證書

用紙膠帶黏在說明書背後保存。保留購買時的收據可作為下次回購時的參考價格。

發票

轉寫到家計簿，或是用家計簿應用程式拍照後丟掉。沒有記錄習慣的人請立刻丟掉，別抱著「等我記錄到家計簿再丟」的想法而遲遲保留著不丟。

電話簿

現在可以在網路上瀏覽，請丟掉佔空間的實體電話簿。

信件

掃描轉存成電子檔。如果要保留實品，請仔細篩選後集中放到同一個地方。

舊世界地圖

國家名稱會更動，舊世界地圖已不具實用性。如果是想當作「紀念品」、「生活紀錄」就選擇保留。

集點卡

超過六個月未光顧的商店集點卡請馬上丟掉。可以轉成手機應用程式就趕快轉換。

DM

請取消訂閱不需要的DM。雖然需要經過一些手續，但只要幾分鐘就能完成，還能換得清爽心情。如果你抱持「有時間再處理」的心態，無論等多久都不會解決。請現在馬上就取消訂閱！

【紀念品類】

照片

經過仔細篩選後，將不要的照片用白紙包裹起來，以可燃垃圾丟棄（丟棄時請不要撕碎照片）。也可以先掃描轉存成電子檔。

獎狀

這是你努力的證明。如果不小心丟掉，再也不會重新補發。請仔細考慮要留下、丟掉、還是掃描成電子檔。選擇保留的話，建議使用專門收藏獎狀的資料夾。

勳章

就算這屬於家人而不是你個人獲得的勳章，同樣是一種榮譽。如果是歷代傳承的物品更應該好好珍藏。

明星的親筆簽名或周邊商品

喜歡的簽名就留下來裝飾家裡。不喜歡就丟掉，或是收進回憶紀念品箱。市場上也有專門收購明星周邊商品的店家。

畢業紀念冊

如果會重複翻閱就保留。若是自己不會或不想再翻閱，就選擇丟掉。

畢業證書

請留存最高學歷的畢業證書。畢業證書雖可重新申請，但需要另外支付手續費。若為私立學校，還可能受到少子化影響而廢校，屆時就無法申請補發了。而公立學校雖會遇到重整合併的情況，但可以詢問政府機關是否能補發。轉換工作或報考國考都需要用到畢業證書，務必妥善留存高中以上的畢業證書。

日記

想要留作紀念就請集中保管。若不會再翻閱就丟掉。

文章作品集

你會反覆閱讀小孩子的文章作品集或自己學生時代的文集嗎？請抽出自己跟孩子的文章，裁切後掃描或拍照留存，不保留實體文本也無所謂。請找出最適合你自己的保存方式。如果想保留鮮明圖像，透過掃描轉存電子檔是最好的做法。存成PDF檔並上傳雲端後，隨時可以用電腦或手機查看。

賀年卡

事先決定保留年數，超過保留期限的賀年卡就丟掉。最好的方式是掃描成電子檔，不要留下實品。

情書

如果家人看到會不高興，建議處理掉（可轉為電子檔）。重點是你所留下的東西，別在最後變成遺物時引起眾人的懷疑揣測。

以前戀人送的禮物

請拿出來使用。如果想當作回憶紀念品不想使用，那就集中保管。請想想自己為何要緊抓著過去，若發現自己「已不需要」就拿去丟掉。

臍帶

這是生命與生命的羈絆證明，請好好珍藏（有些地區風俗會帶著自己的臍帶一起下葬）。

【宗教用品】

牌位

往生者的牌位通常會在三年忌結束後化掉，改和歷代祖先的牌位一起合祀。如果不想在家供奉，也不能隨便丟棄或燒掉，可以請至佛寺或靈骨塔立位。細節可以詢問家裡附近寺廟、佛具行、葬儀社等地方。

神龕

請將神龕與裡面的符令拿到寺廟，經祈禱後焚燒掉。或委託神龕用品店或專門回收廢棄神龕的業者代為處理。

平安符、符令

請拿去原寺廟向神明稟告，跟金紙一起化掉。或是直接詢問廟方人員處理方式。

【運動用品】

高爾夫球具

新球桿請拿去二手商店賣掉。有些高爾夫球俱樂部或相關配件用品店願意收購。

網球拍

舊球拍需要重新穿線。若不使用就丟掉。

球類

排球或足球請抽掉內部空氣，縮小體積後拿去丟棄。

【美術品・擺飾品】

繪畫作品

請拿出來擺飾。家中沒有裝飾空間就送給別人，或是賣給專門收購古董美術品的商店。若兩個方法都行不通，就果斷割捨。

掛軸

請依照季節來擺飾。不使用的話就賣給骨董美術品商店。

【其他】

家人的物品

不可以擅自處理掉家人的物品。強迫家人丟棄物品只會帶來反效果。趁家人在家時，請他們整理自己的物品。整潔的環境會相互影響，雖然不會立即見效，但是住家開始出現整潔感後，家人自然也會跟進。不要擅自插手，靜靜等待，相信自己能把「整潔感」傳染給他們。

家人或親人的遺物

只挑出想要留下的物品。即使沒有實物，回憶也不會消失，所以不需要保留大量物品。可以回收利用的東西請賣給二手商店，有毀損的物品就直接丟棄。對於要處理（丟棄）那些物品會感到在意的人，可以用放有一小撮鹽巴的白紙包裹起來再丟掉。

借用之物

請歸還給物品的主人。若無法見面就郵寄給對方。如果已經和對方失聯而無法歸還，請直接處理掉（書本、CD、保存容器等）。若對方已不在人世，就還給他的家屬。

還沒有壞掉的物品

就算物品本身沒有壞，只要現在已不使用就丟掉。若是回憶品就收進回憶紀念品箱。其餘拿去二手商店出售或丟掉。

企業或品牌宣傳品

即使是丟棄免費獲得的物品也會有罪惡感，因此要堅持不收下、不帶回家的原則。不需要的物品可以拿去拍賣網站出售，或是直接丟掉。

黑膠唱片

你家有播放器嗎？丟掉之後可能再也無法購得，請仔細考慮後再做決定。如果要脫手，可以賣給二手黑膠唱片行。黑膠唱片容易折到或破損，請直立保存。

玩偶

布偶或絨毛娃娃為一般垃圾，可直接丟入垃圾車。若是乾淨沒有損壞的，可捐贈給育幼院或社福團體。

能量石

請洽當初購買的商店（部分商店願意回收）。最常見的做法是埋到土裡，但必須是在自家或是自有土地內。埋在公園或山林屬於非法丟棄，要特別注意。若要當作普通垃圾丟掉，請將能量石與一撮鹽巴用白紙包起來，懷著謝意處理掉。

「在意」之處

如果家裡有任何令你在意的地方，請馬上處理乾淨。「收拾」的意思是解決不完整的部分。而且不只是物品，我們也要整理所知資訊與心靈。

「感覺很浪費」的想法

一點都不浪費，這麼做只是揮別不符合你當下價值觀的物品而已。感受會隨著你轉換想法而跟著改變。

結語

我不是一個極簡主義者。我擁有大量愛好的食器，但不感興趣的衣服則是寥寥無幾。雖然感覺是個極端的人，生活環境卻十分舒適。不過，回顧過去的我其實並非如此，以前我的食器、衣服、書籍都比現在多上好幾倍，可說是個「雜物囤積狂」。因為會囤積各種東西，我總是像在玩魔術方塊一樣亂塞物品，導致家中物品的代謝率很差。

當時的我沒有「主見」，只要聽到別人說「好用！」就會購買，也有無數次買了徒有設計但不實用的東西，最終只能丟掉的失敗經驗……雖然可以用一句「年少輕狂」來帶過，但這只是逃避現實的藉口。過去的我不僅不環保，還浪費大量的金錢與空間。

正如我在本書開頭所說，我能轉換成如今的生活方式，就是因為自己經歷多次「大規模整頓期」。把這個比喻成「盤點人生」似乎有點誇張，但是我透過不斷割捨不需要之物，徹底做到「只留下自己喜愛的東西」，最後才成功建立「以自我風格持有物品的生活方式」。

在捨棄愈多的物品之後，我愈能親身體會到空間、舒適感與自由逐漸提升所帶來的快樂。

不需要管理物品，也不用煩惱收納地點，不必花時間收拾，更不會再亂買無用的東西，兼具省錢效果。

有些人會懷疑捨棄物品是否等於「失去自我風格」，事實正好相反。整頓之後，你身邊只會留下充滿個人風格的物品，反而能找回真正的自己。而且深入分析後，還會從中發現「原本擁有的大多是不適合自己的東西」，因此改變花錢的方式與生活模式，等於就此改變人生。曾經嘗試過認真審視持有物品的人肯定能體會這種感覺。我至今為止的學生也都說過：「雖然自己割捨掉許多物品，卻從來沒有一次感到後悔。」我希望正準備學著捨棄物品的人也能明白這點，親身體會「捨棄物品並不可怕」。

我懷著這樣的想法，動筆寫下這本書。雖說人類不會因為擁有過量物品而死，可是學會放手不僅能獲得暢快心境，還能改變人生。這番話是否屬實，就由你親自來確認吧！只要願意動手，必定會得到成果！我由衷希望各位能得到更舒適優質的生活。

在本書的最後，我要誠摯感謝為本書盡心盡力的講談社編輯角田、撰稿人野上、攝影師宮前與川井，以及願意提供實際範例的幾位屋主，還有總是在活動現場協助我，親愛的 TeamSayo 工作人員們。另外還要感謝長年支持我的學生、演講會聽眾、部落格訪客、相關工作人員跟我的朋友、家人，以及所有幫助我的人。

小西紗代

台灣廣廈 國際出版集團
Taiwan Mansion International Group

國家圖書館出版品預行編目（CIP）資料

捨VS.留 減物整理術（全圖解）：日本收納師教你用保有舒適感的微斷捨離，把家變成喜歡的模樣！ / 小西紗代著. -- 初版. -- 新北市：台灣廣廈, 2021.11
面； 公分
ISBN 978-986-130-511-0（平裝）
1.家庭佈置 2.生活指導

422.5　　110015504

台灣廣廈

捨VS.留 減物整理術【全圖解】

日本收納師教你用保有舒適感的微斷捨離，把家變成喜歡的模樣！

作　　者／小西紗代
譯　　者／鍾雅茜
編輯中心編輯長／張秀環・**執行編輯**／許秀妃
封面設計／何偉凱・**內頁排版**／菩薩蠻數位文化有限公司
製版・印刷・裝訂／東豪・承傑・秉成

〈日本編輯團隊STAFF〉
插　　畫／仲島綾乃
攝　　影／宮前祥子、川井裕一郎
整理收納助手／春岡一美、瀧本ルミ、長浜のり子
編 輯 協 力／野上知子

行企研發中心總監／陳冠蒨
媒體公關組／陳柔彣
綜合業務組／何欣穎

發 行 人／江媛珍
法律顧問／第一國際法律事務所 余淑杏律師・北辰著作權事務所 蕭雄淋律師
出　　版／台灣廣廈
發　　行／台灣廣廈有聲圖書有限公司
地址：新北市235中和區中山路二段359巷7號2樓
電話：（886）2-2225-5777・傳真：（886）2-2225-8052

代理印務・全球總經銷／知遠文化事業有限公司
地址：新北市222深坑區北深路三段155巷25號5樓
電話：（886）2-2664-8800・傳真：（886）2-2664-8801
郵政劃撥／劃撥帳號：18836722
劃撥戶名：知遠文化事業有限公司（※單次購書金額未滿1000元需另付郵資70元。）

■出版日期：2021年11月
ISBN：978-986-130-511-0